城市轨道交通客运组织

主 编　王　敏　贾拴航
副主编　赵　岚　龚丕哲

北京理工大学出版社
BEIJING INSTITUTE OF TECHNOLOGY PRESS

内 容 简 介

本书以《国家职业教育改革实施方案》为引领，按新形态高等职业教育教材要求编写，对接专业教学标准和"1+X"职业技能评价标准，选择项目案例，引入地铁智慧车站客运组织新技术、新规范，以车站客流组织疏导与乘客安全出行为主，分别介绍了城市轨道交通车站日常运作、城市轨道交通客运组织方案编制、城市轨道交通车站客流组织、城市轨道交通车站突发事件客运组织等内容。全书共分 4 大模块，8 个项目，21 个任务。

全书将项目分解为若干任务，每个任务由任务描述（实际案例）、学习目标、任务分析、相关知识、素质素养养成、任务工单六个部分组成。每个任务配套相关操作短视频，学生扫码即可观看学习，并配套省级在线开放课程支持学生自主学习，辅助开展课堂活动，提升学习效果。

本书既有较强的理论性、实践性，又有较强的综合性，可作为高职高专院校，技术应用型本科院校城市轨道交通运营管理专业的通用教材，亦可作为轨道运营企业的培训教材或参考书。

图书在版编目（CIP）数据

城市轨道交通客运组织／王敏，贾拴航主编.

北京：北京理工大学出版社，2025. 1.

ISBN 978-7-5763-4649-7

Ⅰ. U239.5

中国国家版本馆 CIP 数据核字第 20251WC650 号

责任编辑：封　雪		文案编辑：封　雪	
责任校对：刘亚男		责任印制：李志强	

出版发行 ／ 北京理工大学出版社有限责任公司

社　　址 ／ 北京市丰台区四合庄路 6 号

邮　　编 ／ 100070

电　　话 ／（010）68914026（教材售后服务热线）
　　　　　　　（010）63726648（课件资源服务热线）

网　　址 ／ http://www.bitpress.com.cn

版 印 次 ／ 2025 年 1 月第 1 版第 1 次印刷

印　　刷 ／ 涿州市新华印刷有限公司

开　　本 ／ 787 mm×1092 mm　1/16

印　　张 ／ 17.25

字　　数 ／ 413 千字

定　　价 ／ 86.00 元

前　言

城市轨道交通是现代城市公共交通的主要形式，其安全、快捷、正点的特点，可以满足日益增长的城市居民出行需求。为实现乘客的位移，城市轨道交通车站需要合理布置客运设施设备，制定有效的客运组织方法。

基于当前社会对轨道交通行业人才的需要，为贯彻党的二十大精神，根据交通强国发展策略，为体现立德树人的根本目的，本书的编写充分体现轨道交通行业发展新业态，紧紧围绕高素质技术技能人才培养目标，对接专业教学标准和"1+X"职业技能评价标准，选择项目案例，对接地铁智慧车站客运组织新技术、新规范；结合轨道交通运营管理过程中需要解决的车站客流组织疏导与乘客安全出行的基础性问题，以项目为纽带，任务为载体，工作过程为导向，科学组织材料内容，进行教材内容模块化处理，注重课程之间的相互融通及理论与实践的衔接；开发工作页式的工单，做成活页式教材，形成了多元多维、全时全程的评价体系；基于互联网，融合现代信息技术配套开发了丰富的数字化资源。

本书分为城市轨道交通车站日常运作、城市轨道交通车站客运组织方案编制、城市轨道交通车站客流组织和城市轨道交通车站突发事件客运组织4大模块，8个项目，21个任务，全面介绍城市轨道交通客运工作的任务和特点，车站行政管理、车站日常运作，客流调查、预测、分析及客流计划的编制，车站通过能力计算、车站客运组织方案编制，车站布局设计、车站日常客流组织、车站换乘客流组织、车站大客流组织、车站极端大客流组织；车站突发事件报告及响应、车站突发事件应急处理，自然灾害、设备故障、暴力恐怖、突发公共卫生事件特殊情况下的车站客运组织。

本书以工作页式的工单为载体，强化学生自主学习、小组合作探究式学习，在课程、学生地位、教师角色、课堂、评价等方面进行全面改革；注重实用，案例多、观念新，收集了国内部分地铁公司的规章；结合了编者近几年的教学实践，内容顺序安排合理，语言通俗易懂，重点突出；体现了对从事城市轨道交通车站客运工作所需的基本知识和技能的要求。

具体编写分工为：龚丕哲负责编写模块一中的项目二、模块二中的项目一；赵岚负责编写模块一中的项目一；王敏负责编写模块二中的项目二，模块三项目一中的任务二、任务三，模块三项目二和模块四中的项目二；魏仁辉负责编写模块三项目一中的任务一；贾拴航负责编写模块四中的项目一。王敏负责全书编写体例设计，并进行统稿。贾拴航对全书进行了审定。

在本书的编写过程中，我们参考了许多专家学者有关城市轨道交通的书籍、文献、论文等资料，也引用了国内轨道交通运营企业的技术数据和图片，已尽可能地在参考文献中详细列出，谨在此对他们表示衷心的感谢！同时，也可能由于我们的疏忽，有些资料引用了却没有指出出处，若有此类情况发生，深表歉意。

由于各地城市轨道运营企业技术设备和管理方式不同，在车站客运组织的方法上各有特点，资料收集很难达到齐全和最新，再加上编者水平所限，书中技术资料和数据肯定存在不足和差异，错误和疏漏在所难免，恳请读者批评指正并多提宝贵意见，我们将十分感谢。

编　者

目　录

模块一

城市轨道交通车站日常运作

模块说明

客运组织是交通运输组织的重要组成部分之一。客运组织的目的是为旅客或乘客提供出行的必要条件，它的本质是为乘车人提供移动的空间。因此，客运组织的任务是最大限度地满足广大旅客或乘客在旅行上的需求，安全、迅速、准确、便利地运送旅客或乘客至目的地，并保证他们在乘车过程中得到舒适、愉快、优质的服务。

城市轨道交通车站的日常运作在城市交通体系中发挥着举足轻重的作用，其意义深远，不仅关乎城市交通的效率和乘客的出行体验，还关系到城市的经济发展和形象展示。本模块从客运组织工作认知和车站日常运作两方面展开。

教学建议

本模块的教学应在复习"城市轨道交通车站设备"课程的基础上进行。本模块的教学可在理实一体化的教室或城市轨道交通车站实训室进行，应配备城市轨道交通车站模型和多媒体教学设备。应先进行理论教学，再通过分角色演练模拟教学，有条件可去现场进行参观教学。

模块内容

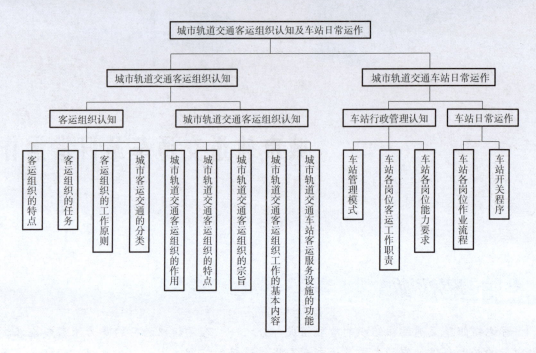

项目一　城市轨道交通客运组织认知

【项目描述】

客运组织是指采用一定的运输方式，实现乘客的空间位移，其目的是为人们的工作、学习、生产和生活提供必要的出行条件。所有的交通运输企业都必须进行客运组织工作。为了更好地完成客运组织工作，需要了解客运组织的特点、客运组织的任务、客运组织的工作原则及城市客运交通的分类。

任务一　客运组织认知

【任务描述】

客运组织工作具有很强的服务性。运输企业应该树立"一切为了乘客"的理念，通过采用先进的技术装备和科学的管理方法，认真、周密地完成客运组织工作，最大限度地满足乘客的出行需求，把乘客安全、迅速、便捷、舒适、经济地运送到目的地。请上网查找资料列举城市客运交通的分类并描述客运组织的主要特点。

【学习目标】

1. 知识目标

（1）掌握客运组织工作的特点和任务；

（2）了解城市客运交通体系。

2. 能力目标

（1）会分析城市轨道交通客运组织工作的特点和任务；

（2）会列举城市客运交通的不同分类。

3. 素质目标

（1）养成讲原则、守规矩的规范意识；

（2）养成以人为本，兼顾企业效益的意识；

（3）养成整体意识和大局意识；

（4）养成严谨细致、专注负责的工作态度。

【任务分析】

1. 重点

客运组织的特点。

2. 难点

客运组织的任务。

客运组织的
基本要求

【相关知识】

客运组织的对象是旅客或乘客。一般情况下，我们将飞机、火车运输的长途乘车人称为旅客，将市内公共汽电车和轨道交通的乘车人称为乘客；也可将长短途的乘车人统称为乘客。

一、客运组织的特点

（1）客运组织的主要服务对象是乘客，其次还有乘客随身携带的物品以及长途旅客的行李。车站通过售票工作，把乘客组织起来并最大限度地满足他们的乘车需求，以提供劳务的形式为乘客服务。

（2）客运组织工作的产品是乘客的空间位移，用"人公里"指标来衡量。这是一种无形产品，其生产过程和消费过程是同时进行的，一旦质量出现问题，会造成无法弥补的损失。因此，运输企业必须以先进的设备、优良的服务，在准确性、安全性、可靠性和方便性等方面，保证客运组织工作的质量。

（3）客流量在时间上和空间上有较大的波动性。不同的季、月、周、日，甚至是一日内不同时段客流都会出现起伏变化。不同的站点、不同的区段，客流量也存在明显的不同。为此，对客运技术设备、客运人员、客运车辆等必须留有一定的后备，在不同的客流量峰值期采用不同的客运组织方式。

（4）客运站应设在客流易于集散处，方便乘客乘降，并使乘客便于换乘不同的交通方式。

（5）客运工作组织不同于货运工作组织，乘客在乘车过程中有不同的物质及文化需求，如适宜的通风、照明、温度，以及广播通告、导向系统等，长途乘客还会有饮食、盥洗、休息的需求，运输企业不仅应满足这些需求，而且应积极改善，创造良好的站车环境并提供优质的服务，使乘客心情愉悦。

（6）乘客具有较强的自主性，各种运输方式应该根据客流结构提供多种层次的运输服务，例如开行快慢车，发行可以享受折扣的储值票、学生票等。

二、客运组织的任务

为了将乘客安全、迅速、便捷、舒适、经济地运送到目的地，客运组织工作的任务如下：

（1）认真贯彻执行党和国家的有关方针、政策、法令及交通运输的各项规章制度，制定符合国情及当地情况的客运规章制度。

（2）制定客运工作发展规划，不断开辟、拓宽客运市场，建立和完善适应经济发展的客运网。

（3）充分发挥现有的站车设施设备的作用，合理配置运力，竭尽全力提高运输能力。

（4）为乘客服务，对乘客负责，以乘客需求为导向，积极开展营销活动，努力提高客运服务质量，做到想乘客所想，急乘客所急，帮乘客所需，保证优质服务。

（5）组织好不同客运方式的衔接，为乘客的换乘提供方便。对长途旅客运输，组织不同客运方式间的联运，开展旅客直达运输。

（6）加强科学管理，提高经营水平，在搞好客运服务的前提下，提高客运企业的经济效益，为企业的发展积累资金。

（7）根据党和国家在一定时期的中心工作以及国民经济发展的要求，完成各种临时性的紧急任务。

（8）加强对客运职工的业务技术培训及政治思想工作，不断提高职工素质和企业整体素质，树立良好的企业形象。

总之，运输企业要在党的方针、政策指引下，根据客运市场经济的发展规律，以乘客需求为中心，服从并服务于国民经济可持续发展战略的需要，从基本国情出发，以运输市场的需要为依据，优化运输体系结构，合理配置资源。依靠科技进步，提高劳动者素质，加快客运事业的发展，满足人们的出行需求。

三、客运组织的工作原则

为了保证客运组织工作的质量，良好、高效率地完成运输任务，必须遵循以下几项原则：

（1）必须认真执行党和国家的各项方针政策，安全、迅速、便利地运送旅客和行李到达目的地，并保证各种运输方式之间有良好的配合。

（2）确保安全。客运组织的服务对象主要是乘客，保证乘客在乘车过程中的生命、财产安全，是客运组织工作的基本职责。运输企业在进行客运组织时，必须把安全摆在第一位。在运输工作中，要采取行之有效的措施，实现安全运输。

（3）提高服务质量。以满足乘客需求为中心，不断转变服务理念，完善服务设施，落实服务标准，规范服务行为。以提高客运产品质量为中心，做到文明服务，礼貌待客，为乘客创造良好的站车环境，在规范大众化服务的基础上，努力追求服务的个性化。

（4）加强管理。要使有限的人力、物力、财力充分发挥作用并提高效率，必须加强系统管理，使系统各部门能协调配合。

四、城市客运交通的分类

按照客流的行程及运输的范围，可将客运交通划分为城际客运交通和城市客运交通两种。

城际客运交通按照运输工具的不同，可以分为铁路客运、公路客运、航空客运和水路客运。随着经济的快速发展以及收入阶层的多样化，人们对交通运输的要求也不仅仅停留在满足出行这个层次上，也有高效、快捷、舒适等层面的需求。近年来，公路客运和航空客运承担的运量和运输周转量有明显增加。

城市客运交通按使用工具类型的不同，可以分为公共交通、准公共交通和非公共交通三种。

（1）公共交通，是指在城市及其郊区范围内，可由全体公民自由选择（或者说有选择的机会）以完成出行的交通方式。公共交通具有固定的线路和时刻表，可向所有人提供客运服务，使用者需付费。

（2）准公共交通，是指只能由部分公民自由选择（或者说有选择的机会），并且利用非私人交通工具完成出行的城市客运交通方式。

（3）非公共交通，也称私人交通，是指居民利用私人购买的交通工具完成出行，并且该次出行不包含任何营运性目的。

城市客运交通体系如图1-1-1所示。

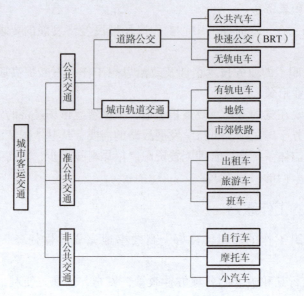

图 1-1-1　城市客运交通体系

小贴士

快速公交系统

快速公交（Bus Rapid Transit，BRT）系统，是一种介于快速轨道交通与常规公交之间的新型公共客运系统，是一种大运量交通方式，通常也被人称作"地面上的地铁系统"。它是利用现代化公交技术配合智能交通和运营管理，开辟公交专用道路和建造新式公交车站，实现交通运营服务，达到轻轨服务水准的一种独特的城市客运系统。

快速公交系统是一种高品质、高效率、低能耗、低污染、低成本的公共交通形式，充分体现了以人为本，构建和谐社会的发展理念。快速公交系统采用先进的公共交通车辆和高品质的服务设施，通过专用道路空间来实现快捷、准时、舒适和安全的服务。

一、快速公交系统设备特点

1. 专用路段

通过设置全时段、全封闭、形式多样的公交专用道，提高快速公交的运营速度、准点率和安全性。

2. 先进的车辆

配置大容量、高性能、低排放、舒适的公交车辆，确保快速公交的大运量、舒适、快捷和智能化的服务。

3. 设施齐备的车站

快速公交系统的车站不仅能够确保提供足够的乘客候车区域，还能够保证快速公交系统车辆在走廊内的运行速度保持在 30 km/h 以上。快速公交系统车站的设计具有与众不同的风格，具有审美感染力。座位、通风、遮阳/遮雨棚、安全设施、耐用材料、照明及乘客信息系统都是快速公交系统站台设计的特色所在。车站设有自动售检票系统、乘客信息系统，为乘客提供安全、舒适的候车环境与快速方便的上下车服务。

快速公交系统车站、线路和车辆如图1-1-2所示。

图1-1-2 快速公交系统车站、线路和车辆

二、快速公交系统运输组织特点

1. 根据乘客需求设置多种运营模式

采用直达线、大站快运、常规线、区间线和支线等灵活的运营组织方式，更好地满足乘客的出行需求。

2. 智能化的运营管理系统

运用自动车辆定位、信号自动控制、乘客信息系统、自动售检票系统以及运营控制系统等先进的技术和设备，提高运营管理智能化水平及快速公交的营运水平。

3. 乘客节省时间

乘客节省时间是实施快速公交系统的最主要收益。乘客乘坐快速公交系统的出行速度要比乘坐常规的公交车快得多。

4. 舒适性与方便性

快速公交系统的车站十分宽敞，车站尺寸按乘客人数设计，避免乘客在狭小、拥挤的露天站台上候车。由于采用了新型大运力车辆，即使在高峰时段，车内的拥挤程度也能得到很大改善。

由于快速公交系统车站具有车外售检票系统，可水平登乘，因此可以实现快速上下车，平均每个乘客上车时间仅为0.7 s。而现在的常规公交，每位乘客的上车时间需要2～5 s。

5. 方便换乘

快速公交系统车站被设计在现有公交站附近，方便相互之间的换乘。

快速公交系统沿线为汽车驾驶员和骑自行车的人提供停车场所，可以将汽车和自行车开到邻近快速公交系统走廊的换乘站停放，再换乘公交车进入城市中心。

停车换乘可以使整个城市、汽车驾驶员、土地开发商以及快速公交系统都有受益。停车换乘促进了出行模式从汽车到快速公交系统的直接转换，因而减少了驶入城市中心的汽车数量，也减少了拥堵及其带来的相关问题。停车换乘可以带来额外客流，使快速公交系统受益；停车换乘可以减少出行时间，为进城提供更舒适、更高效的旅程，可以节省停车费用，使汽车驾驶员受益。最后，通过主要商业发展区（如购物中心）与停车换乘相结合后激发的潜能，土地开发商可获得更大的收益。

【素质素养养成】

（1）在思考客运组织的特点时，一定要养成严格按照城市客运交通体系进行思考的意识，要有讲原则、守规矩的规范意识。

（2）在确定客运组织任务的过程中，既要考虑到客运企业需要最大限度地满足乘客的乘车需求，同时也要考虑客运企业所需的高额成本，要有以人为本、兼顾企业效益的意识。

（3）在进行客运组织工作原则分析时，需要从4个方面——国家、安全、质量、管理综合考虑，要有整体意识、大局意识。

（4）在汇总城市客运交通体系过程中，要求分类准确，符合以人为本的原则，要有严谨细致、专注负责的工作态度。

【任务分组】

学生任务分配表

班级			组号		指导教师	
组长			学号			
组员	姓名	学号		姓名		学号
任务分工						

【自主探学】

任务工作单1

组号：_____　　　姓名：_____　　　学号：_____　　　检索号：1117-1

引导问题：

（1）请说出常见的城市客运交通有哪些。

_____

_____

_____

（2）常见的城市客运交通有什么特点？

_____

_____

_____

任务工作单 2

组号：_____ 姓名：_____ 学号：_____ 检索号：1117-2

引导问题：

（1）如何描述客运组织的特点？

_____

_____

_____

（2）分析客运组织的任务。

_____

_____

_____

（3）如何理解客运组织的工作原则？

_____

_____

_____

（4）请列举城市客运交通，并绘制城市客运交通体系图。

序号	城市客运交通	客运组织特点

【合作研学】

任务工作单

组号：_____ 　　姓名：_____ 　　学号：_____ 　　检索号：1118-1

引导问题：

（1）小组交流讨论，教师参与，列出正确的城市客运交通体系，以及正确的客运组织特点。

序号	城市客运交通	客运组织特点

（2）记录自己存在的不足。

_____

_____

_____

【展示赏学】

任务工作单

组号：_____ 　　姓名：_____ 　　学号：_____ 　　检索号：1119-1

引导问题：

（1）每小组推荐一位小组长，汇报城市客运交通体系，借鉴每组经验，进一步优化客运组织特点。

序号	城市客运交通	客运组织特点

（2）检讨自己的不足。

_____

_____

_____

【评价反馈】

任务二　城市轨道交通客运组织认知

【任务描述】

城市轨道交通客运组织工作是运营工作的一个重要组成部分，由轨道交通运营分公司直接领导。北京、上海、西安等轨道交通网络化运营的城市，根据运营线网情况，设立了多个运营分公司。运营分公司代表总公司全面负责轨道交通运营管理、客运组织、列车运行组织、车辆使用及维修、运营系统设备的维修保养等工作，服务于社会大众，为乘客提供安全、正点、热情、周到的运营服务。请上网查找资料描述所在城市轨道交通运营部门组织架构并绘制城市轨道交通客运组织的思维导图。

【学习目标】

1. 知识目标
（1）了解城市轨道交通客运组织工作的特点和作用；
（2）掌握城市轨道交通客运组织工作的基本原则。

2. 能力目标
（1）会分析城市轨道交通客运组织工作的任务；
（2）会列举城市轨道交通客运组织工作的基本内容。

3. 素质目标
（1）具备良好的团队协作精神，增强沟通能力和组织协调能力；
（2）具备创新意识和创业精神，提高实践能力和创新能力；
（3）树立正确的劳动观念，具有勤劳、朴实、敬业的品质。

【任务分析】

1. 重点
城市轨道交通客运组织的特点。

城市轨道交通客运组织的认识

城市轨道交通运营部门组织架构

2. 难点
城市轨道交通客运组织工作的基本内容。

【相关知识】

城市化已成为当前世界发展的重要趋势。轨道交通以其运量大、速度快、安全、准点、保护环境、节约能源和用地的技术和经济优势，在大城市交通结构中担当着重要的角色。

自第一条地铁于1863年在英国伦敦建成运营开始，至今已有150多年历史。我国于1969年建成通车的北京地铁1号线，已安全平稳运行了50多年。进入21世纪以来，我国各大城市大力发展轨道交通作为促进城市可持续发展的重要手段。截至 2022 年年底，我国 31 个省（自治区、直辖市）和新疆生产建设兵团共有 55 个城市开通城市轨道交通运营线路 308 条，同比增长 8.8%；累计投运车站总计 5 875 座，同比增长 9.96%；运营线路总长度达 10 287.45 km，同比增长 11.7%。其中，地铁 8 008.17 km，占比为 77.84%；市域快轨 1 223.46 km，占比为 11.89%；有轨电车 564.77 km，占比为 5.49%。2024 年 1 月，运营里程 10 205.6 km，实际开行列车 342 万列次，完成客运量 26.6 亿人次，进站量 15.9 亿人次。可以看出，我国城市轨道交通事业迎来了高速发展时期。

一、城市轨道交通客运组织的作用

城市轨道交通客运组织是指利用列车和车站的相关设备，通过售检票及引导工作，组织乘客进站上车和下车出站的过程。一般来说，城市轨道交通客运组织包括票务组织和客流组织两大部分。

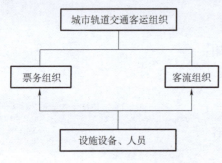

图 1-1-3　客运组织工作内容

为完成安全、迅速运送乘客的目标，城市轨道交通的运营工作必须围绕着客运组织和列车运行组织来进行。可以说，客运组织是列车运行组织的基础。

城市轨道交通客运组织工作内容如图 1-1-3 所示。

城市轨道交通客运组织包括客流分析、站厅和站台客流组织、运价制定、票务管理，列车运行组织包括运输计划的制定、列车运行调度指挥、乘务组织、车辆段及停车场调车工作、运输能力的提高等。

城市轨道运营工作的顺利进行，必须依赖相应的设备和人员。

城市轨道交通的设备包括线路、车辆段及停车场、供电设备、车辆设备、通信信号设备，以及车站的自动售检票设备、电梯、屏蔽门、乘客信息系统、环控系统、给排水系统、防灾报警系统、低压配电及照明系统。

与城市轨道交通运营相关的人员配备在运营公司（或运营部）。一般来说，运营公司的业务组织构架如图 1-1-4 所示。

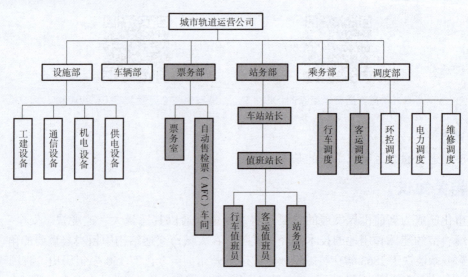

图 1-1-4　城市轨道交通运营公司业务组织构架

在图 1-1-4 中，轨道交通运营公司票务部、站务部是客运组织工作的管理部门，负责制定相应的规章制度、工作标准和工作方法，指导车站客流组织及票务组织；调度部的客运调度员负责客流计划的编制及客运指标分析，行调负责列车有序运行；车站的站长、值班站长、行车值班员、客运值班员和站厅、站台站务员是客运工作的直接参与者，负责车站售检票工作和客流引导与组织工作。

二、城市轨道交通客运组织的特点

（1）客运组织服务的对象是市内交通乘客，不办理行李包裹托运服务。

（2）全日客流分布在时间上有较为明显的高峰（一般为早晚高峰）和低谷之分。

（3）全年客流分布在时间上按季、月、周、节假日有较大起伏。

三、城市轨道交通客运组织的宗旨

（1）安全。为保证乘客安全乘车，要制定并严格执行各项安全制度，采用先进的安全控制系统，定期检查所有运营设备，保证其处于良好状态。

（2）准时。运营生产各部分相互配合，严格按照列车运行图组织工作，确保列车按运营图规定的时间运行。

（3）迅速。运营生产各部门互相配合，提高列车运行速度，缩短列车间隔时间，减少设备故障，确保乘客快速到达目的地。

（4）便利。车站内外导向标志明显，地下通道、出入口与地面其他交通工具衔接紧密，方便乘客换乘。

（5）优质服务。客运服务工作人员应严格遵守职业道德，礼貌待客，耐心、细致地解答乘客询问，主动、热情地为乘客服务。

四、城市轨道交通客运组织工作的基本内容

1. 票价制定

城市轨道交通票价制定应在城市交通发展战略指导下，支持城市发展目标的实现。即应以"公益为先，兼顾效益"为原则，正确处理乘客、企业和政府三者之间的关系，充分考虑政府承担能力、乘客的承受能力、企业的经营效益，比照其他市内交通方式票价来制定。

主要完成部门：运营公司票务部。

2. 车票管理

对车票的采购、制作、运输、配销、回收、充值、销毁、票款上缴实施过程管理；监督自动售检票系统现金工作站的安全运转，确保票务收益安全，负责与"城市一卡通"系统的清分结算。

主要完成部门：运营公司票务部。

3. 客运管理

制定车站客运工作规章及乘客乘车规则，规范车站客运专业程序；确定合适的票务运作模式和作业程序；制定各类突发事件的相关应急方案。在紧急情况下，调配各类人员，与有关部门配合，采取一切有效措施，确保乘客、员工、设施的安全；妥善处理涉及乘客与营运安全等的问题。

主要完成部门：运营公司站务部。

4. 客流分析

对运营线路的客流量进行实时监控，掌握客流变化规律，密切关注换乘站客流变化；制订客流计划，做好客流的统计和分析工作。

主要完成部门：运营公司调度部客运调度员。

5. 车站售检票及票务处理

负责和运营公司票务部交接车票；引导乘客正确使用票务设备，及时更换自动售票机钱箱、票箱，更换检票机票箱；使用半自动售票机完成售票、车票充值、车票更新、退票；设置自动售检票系统运营模式；负责钱箱清点，负责车站现金保管及解行，完成相应票务报表的填写。

主要完成人：客运值班员，票亭站务员，厅巡站务员。

6. 车站设备使用及维护

巡视车站自动售检票设备的运作情况，处理简单的自动售检票设备故障；负责电梯操作；正确使用车站消防设备；能够处理屏蔽门故障。

主要完成人：厅巡站务员，站台站务员。

7. 车站客流引导工作

负责"出入口—站厅—站台"间的客流引导工作；维持站台秩序，组织乘客有序乘降；处理屏蔽门夹人夹物、乘客掉下站台、乘客伤病、乘客纠纷等突发情况。

主要完成人：厅巡站务员，站台站务员。

五、城市轨道交通车站客运服务设施的功能

城市轨道交通车站客运服务设施有自动售检票系统、消防系统、环控系统、给排水系统、低压配电及照明系统、电梯及自动扶梯系统、屏蔽门系统等。这些系统及设备根据需要布置在车站的站厅层和站台层，如图1-1-5所示。

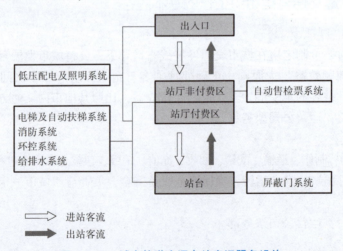

图1-1-5 城市轨道交通车站客运服务设施

1. 自动售检票系统

自动售检票（Automatic Fare Collection，AFC）系统，是运用自动控制、计算机网络通信、先进自动识别、微电子、机电一体化等先进技术和大型数据库设计，来实现轨道交通售票、检票、计费、收费、统计、清分、管理等全过程的自动处理。

AFC 系统车站级设备也称为车站终端设备，包括自动售票机、半自动售票机（票务处理机）、进出站自动检票机（闸机）、自动充值机、查询机等，如图 1-1-5 所示。除闸机应安装在车站站厅的付费区和非付费区中间，其他设备均安装在站厅的非付费区。

2. 消防系统

车站消防系统主要包括防灾报警系统（Fire Alarm System，FAS）和自动气体灭火系统等消防设施。

FAS 分布在站厅、站台、一般设备用房和办公用房等位置，能监视车站消防设备的运行状态，接收车站火灾探测器、手动报警按钮等现场设备的报警信号并显示报警位置；优先接收控制中心发出的消防救灾指令和安全疏散命令，并能在火灾时发出模式指令使机电设备监控系统运行转入火灾模式，实现消防联动，同时可通过事故广播系统和闭路电视系统组织疏散乘客，对气体灭火系统保护区域进行火灾监视，起到及早发现火灾、通报并发送火灾联动指令的作用。

3. 环控系统

城市轨道交通地下环境的空气质量与地面其他场所相差较大，比较封闭，湿度大，有多种发热源，如人体散热、车站设备散热、列车散热等，在降温的同时也需要采取排热手段；同时必须对送进新风空气中的粉尘、有害物质及人员呼出的二氧化碳进行过滤和排放。环控系统能够为站厅和站台提供正常所需的温度和湿度，为乘客创造一个舒适的环境，保证设备的正常运行；当列车意外阻塞在区间隧道时，环控系统能够向隧道提供一定的送风量和冷量，以维持乘客短时间内能接受的环境条件；当车站发生火灾时，能够提供迅速有效的排烟手段，向乘客输送必要的新风。

4. 给排水系统

给排水系统应满足车站生活和消防用水对水量、水质和水压的要求，保证车站排水畅通，为轨道交通安全运营提供服务，保证排除的污水达到排放标准。

5. 低压配电及照明系统

照明系统包括站台层、站厅层公共区的一般照明、节电照明（包括站名牌标示照明）、事故照明（包括疏散诱导指示照明）、广告照明和设备及管理用房的一般照明、事故照明；出入口的疏散诱导指示照明、一般照明与事故照明；区间隧道的一般照明、事故照明。

低压配电系统是为站台、站厅的环控、排水、消防、电梯、自动扶梯、自动售检票等系统配备的供配电设备的电控系统。

6. 电梯及自动扶梯系统

自动扶梯系统是城市轨道交通系统的一个重要组成部分，它每天担负着运送大量客流的任务，对客流的及时疏散起到了至关重要的作用。车站根据预期客流量配备了足够数量的自动扶梯，以保证车站的正常运作。站台层至站厅层根据车站远期客流量配备上、下行自动扶梯，出入口至站厅层根据车站远期客流量及过街人流量设置上、下行或上行自动扶梯。一般来说，当提升高度达到 6 m 以上时，应设上、下行自动扶梯以保证人流的疏散和服务质量。

为保证残疾乘客的正常出行，车站内设置了无障碍电梯、轮椅升降机，以满足特殊人群的需要。

7. 屏蔽门系统

屏蔽门系统是安装于车站站台边缘，用以提高运营安全系数、改善乘客候车环境、节约能源和城市轨道交通运营成本的一套机电一体化系统。

屏蔽门系统作为站台公共区与轨道列车之间的可控通道，在列车进站时配合列车车门动作打开或关闭滑动门，为乘客提供上下车通道。

屏蔽门系统的使用，隔断了站台侧公共区空间与轨道侧空间，减少或避免了人员跌落轨道的安全问题，驾驶员驾车进站时的心理恐慌问题；隔离了列车运行时所产生的噪声、活塞风，保证了站内乘客良好的候车环境；避免了活塞风所造成的站内空调冷量的损失，节省了运营成本，产生了良好的社会、经济效益。

城市轨道交通车站的自动售检票系统、消防系统、环控系统、给排水系统、低压配电及照明系统、电梯及自动扶梯系统、屏蔽门系统，整体选用先进可靠的机电设备及自动化技术，采取全自动或人工干预的机电设备运行模式，为乘客创造了一个往返于地面和列车的舒适又安全的环境，为乘客包括残疾人提供方便的出行条件。

小贴士

【案例1】武汉地铁圆满完成武汉斗鱼直播节客流组织工作

武汉斗鱼直播节于2019年6月14—16日在武汉江滩公园举办，与江滩相邻的1号线大智路站、三阳路站，6号线大智路站，7号线三阳路站等地铁站承接着运送观众的重任，其中客流又最为集中在1号线、7号线三阳路站。

为了保障乘客的顺利、快速出行，武汉地铁客运一部提前与轨道分局、安保公司进行沟通协调，制定并下发相关的客运组织方案，并提前制作张贴引导标志，做好万全的客流组织准备工作。

（1）物资调配，充分准备。为满足活动期间客流组织需要，站区按照客流组织方案提前准备充足的单程票、零币及预赋值车票，调配腰包式扩音器、手持喇叭、对讲机，引导乘客快速进出站。同时，调配安全隔离带、铁马等物资至三阳路站协助客流组织。

（2）人员分工，顺利有序。在斗鱼嘉年华举办期间，武汉地铁管理人员前往大智路站、三阳路站支援，在进出站高峰时段协同下班志愿留在车站的工作人员于自动售票机、出入口处协助当班人员引导客流，保障车站有序、安全运营。6月15日21：00，当日活动结束，三阳路站A口进站客流达到顶峰，为保障乘客快速进站，防止进站口拥堵，车站紧急增设快检通道并安排人员支援，在售票机和进站闸机处不间断引导，顺利完成当日客流组织工作。

（3）互相配合，通力协作。为保障现场乘客安全，提高通行效率，三阳路站实行三级限流，从出入口到站厅再到站台，逐级限流引导，以防发生拥挤或踩踏事件。

①出入口：管理人员和工作人员于安检口和进站闸机处引导乘客，并适当控制快检通道乘客进入频率，保证进站闸机处乘客不至于拥挤过多而产生推搡等情况。

②站厅：站厅工作人员及轻轨所民警在站厅维持秩序，引导换乘客流与进站客流不交叉行进，并于自动扶梯处进行防护，防止发生踩踏、摔倒事件。

③站台：站台岗于站台处引导乘客在车门两端候车，先下后上，防止因客流量过大而发生上下车客流相撞或乘客越线等不安全行为。

2019年武汉斗鱼直播节大客流组织工作已圆满完成，通过此次客运组织工作的开展，检验与完善了车站大客流应急预案的完备性，进一步提升了武汉轨道交通的服务技能与运营质量，满足了广大乘客的出行需求。

【案例2】 成都地铁圆满完成"五一"假期运营组织工作

2024年"五一"假期圆满收官，成都文旅消费"井喷式"增长，全市共接待游客1 939.4万人次，热度居全国第三。在为期5天的"五一"小长假，成都地铁行车组织安全平稳，客运组织井然有序，安全保障坚实有力，充分展示了成都地铁专业优质的运营服务。

一是优化重点车站客运组织。细化春熙路、天府广场、宽窄巷子、动物园等商圈景点站车站客运组织方案，通过出入口管控、增强安检及售票能力、出入口/站厅分流等措施，保障客流秩序；同时加强人员引导，为乘客提供行程咨询、医用箱等暖心服务。

二是加强枢纽车站互通联动。成都东客站、火车南站、成都西站、犀浦、天府机场1号/2号航站楼、双流机场2号航站楼等车站加强与邻近火车站、机场等交通枢纽的协调联动，做好客流高峰时段的乘客出行服务。

三是做好延时运营服务。根据延时运营安排，提前做好人员、广播告示，成都地铁App及双微平台等调整工作，优化乘客咨询引导及末班车服务，提升运营服务品质。"五一"节日期间，成都地铁强化现场安保组织，保障乘客安全出行。

此次"五一"小长假期间，广大市民选择游成都、吃成都、耍成都，体现了成都这座城市的巨大魅力和发展空间。作为城市交通主动脉，成都地铁在假期前提前分析客流趋势，从行车组织、客运服务、设备保驾、安保综治等方面专项制定公共交通运输和服务保障方案，全力保障小长假地铁客运组织平稳有序，市民出行舒适畅通。假期前一天（4月28日），成都地铁线网单日客流量达777.58万人次，创历史新高，体现了广大市民乘客对成都地铁的信任，也展现了成都地铁坚实可靠的客运保障能力，为本次"五一"假期的火爆开了一个好头。成都地铁全体青年员工，将持续以朝气蓬勃、斗志昂扬的姿态，全心全意为市民乘客服务。同时强技能、提素质，不断优化各项服务举措，在即将到来的暑运以及大运会举办展现地铁青春力量，展现轨道青年风采。

【素质素养养成】

（1）在思考客运组织特点时，一定要养成严格按照城市客运交通体系进行思考的意识，要有讲原则、守规矩的规范意识。

（2）在确定客运组织任务的过程中，既要考虑到客运企业需要最大限度地满足乘客的乘车需求，同时也要考虑客运企业所需的高额成本，要有以人为本、兼顾企业效益的意识。

（3）在进行客运组织工作原则分析时，需要从4个方面——国家、安全、质量、管理综合考虑，要有整体意识、大局意识。

（4）在汇总城市客运交通体系过程中，要求分类准确，符合以人为本的原则，要有严谨细致、专注负责的工作态度。

【任务分组】

学生任务分配表

班级			组号		指导教师	
组长			学号			
组员	姓名	学号		姓名		学号
任务分工						

【自主探学】

任务工作单 1

组号：_____   姓名：_____   学号：_____   检索号：1127-1

引导问题：

（1）请描述城市轨道交通客运组织的特点。

_____

_____

（2）请上网查找资料分析所在城市轨道交通运营部门组织架构。

_____

_____

_____

任务工作单 2

组号：_____   姓名：_____   学号：_____   检索号：1127-2

引导问题：

（1）请列举城市轨道交通车站客运服务设施的种类及功能。

序号	车站客运服务设施的种类	车站客运服务设施的功能

（2）请上网查阅资料，小组合作绘制城市轨道交通客运组织内容的思维导图。

_____

_____

_____

【合作研学】

任务工作单

组号：_____　　姓名：_____　　学号：_____　　检索号：1128-1

引导问题：

（1）小组交流讨论，教师参与，画出正确的城市轨道交通客运组织内容的思维导图。

_____

_____

_____

（2）记录自己存在的不足。

_____

_____

_____

【展示赏学】

任务工作单

组号：_____　　姓名：_____　　学号：_____　　检索号：1129-1

引导问题：

（1）每小组推荐一位小组长，汇报城市轨道交通客运组织内容，借鉴每组经验，进一步优化城市轨道交通客运组织内容。

_____

_____

_____

（2）检讨自己的不足。

_____

_____

_____

【评价反馈】

项目二　城市轨道交通车站日常运作

【项目描述】

　　城市轨道交通企业作为一个庞大的运输系统，需要各部门的协调配合，才能顺利完成运输任务。其中客运组织工作是城市轨道交通运营管理任务中非常重要的一部分，涉及的任务种类多，工作量大，特殊情况时有发生，因此，就需要有一套完善的管理方法、合理的岗位设置和任务明确的岗位职责。为了更好地进行城市轨道交通车站日常运作，需要掌握车站各岗位客运工作职责、车站各岗位客运作业流程、车站开关站程序等。

任务一　车站行政管理认知

【任务描述】

　　车站客运工作主要包括车站行车、票务、服务、客运组织以及车站人员日常管理等。请小组合作绘制所在城市的城市轨道交通车站主要岗位（值班站长、行车值班员、客运值班员、站务员）岗位职责思维导图，可附页。

【学习目标】

1. 知识目标

（1）掌握车站行政管理模式；

（2）了解车站员工岗位划分及排班制度。

2. 能力目标

（1）会分析车站的行政管理架构；

（2）会列举站长、值班站长、值班员、站务员的工作职责。

3. 素质目标

（1）具备领导力，鼓励他们积极参与团队和组织的管理与决策；

（2）具备职业规划能力，引导他们明确职业目标，规划职业发展；

（3）具备自我管理能力，帮助他们养成良好的生活习惯和时间管理习惯。

【任务分析】

1. 重点

车站行政管理。

2. 难点

车站员工岗位划分及排班制度。

站台岗岗位职责

票亭岗岗位职责

客运值班员岗位职责

值班站长岗位职责

站厅乘客服务案例

客服中心服务案例

站台服务案例

【相关知识】

一、车站管理模式

为保障车站的正常运作和各项工作的顺利开展，车站客运岗位体系设置根据车站运作管理模式的不同一般分为两种，第一种为自然站管理模式（见图 1-2-1），第二种为中心站管理模式（见图 1-2-2）。

在自然站管理模式下，以一个车站为一个单位进行日常工作组织和管理，岗位体系实行层级负责制，按由上至下的顺序依次为：站长、值班站长、值班员（行车值班员、客运值班员）、站务员。

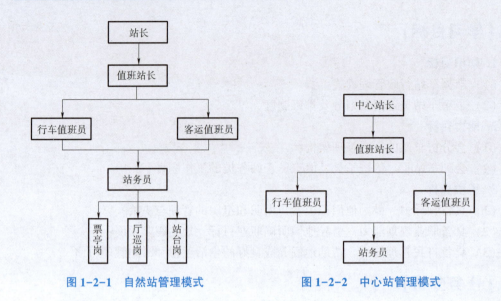

图 1-2-1　自然站管理模式　　　　图 1-2-2　中心站管理模式

在中心站管理模式下，以几个车站为一个单位进行日常工作组合管理。岗位体系实行层级负责制，按由上至下的顺序依次为：中心站长、值班站长、值班员（行车值班员、客运值班员）、站务员；部分城市轨道运营企业的中心站管理模式，在自然站设置一名副站长，以便于更好地加强车站生产组织与协调。

不同城市轨道交通运营单位会有不同的设置，但是最基础的岗位主要分为值班站长、值班员和站务员三大类，值班员和站务员岗位会因为具体分工和实际在车站的工作地点而分为行车值班员、客运值班员、站台岗站务员、厅巡岗站务员以及票亭岗站务员，各个城市轨道交通运营单位会根据自身人员配置情况，将相关岗位工作合并或是委外。

二、车站各岗位客运工作职责

车站的客运组织工作实行统一领导、分级管理的原则，建立健全各项工作制度，以便维持车站秩序，改善服务态度，提高工作效率。以下重点就各岗位在客运工作方面的职责进行阐述。

（一）站长客运工作职责

站长负责全站的行车、客运和票务管理、乘客服务、事故处理、员工管理、班组管理、安全管理、员工培训等工作。站长的主要客运工作职责如下：

1. 客运和票务管理

带领车站不断提升服务水平，监督车站乘客服务工作，处理乘客投诉、来信、来访、纠纷；监控值班站长客运和票务工作。组织车站客运和票务工作，编制、执行车站票务和客运组织方案；定期计划、检查、总结车站客运和票务工作；根据上级下达的计划，完成客运任务。

制定本车站的客运管理细则、作业程序和实施措施；根据客流量变化，及时协调和组织车站的售票、客流引导、组织和疏散工作。

2. 乘客服务

监督车站顾客服务工作，为乘客提供优质服务；处理乘客投诉、来信、来访；汇总服务案例、服务技巧，提高员工服务质量。

3. 事故处理

车站发生客运事故时担任事故处理主任工作；组织全站员工处理事故。

4. 员工培训

根据上级的要求制订车站培训计划；按车站实际情况安排培训工作；定期检查培训效果，进行培训总结。

（二）值班站长客运工作职责

值班站长岗，在站长领导下，负责对当班期间本班组内站务人员的管理，监控当班期间的车站行车、票务、服务等工作，以保障生产的正常运作。值班站长与站长的岗位职责区别在于，站长是车站的全面管理责任人，而值班站长仅负责其当班期间的车站管理工作。值班站长的客运工作职责如下：

1. 客运和票务管理

经常巡站检查和指导客运各个工种的工作；加强票务管理，负责本班次车站的车票、现金安全及票款的解行；检查、监督本班次票务流程的执行情况和票务系统的运作情况；处理票务紧急情况及乘客票务纠纷，并及时上报相关部门或单位；做好票务管理相关通知、规定的传达、监督执行和检查；组织突发、紧急情况下的车站运作。

2. 乘客服务

做好对乘客的广播，处理乘客的要求和询问，如帮助生病乘客、处理失物等；处理乘客投诉、来访；根据服务标准解决与乘客有关的问题，提供优质服务；汇总当班的服务案例、服务问题，并每月向站长汇报。

3. 事故处理

车站发生事故时要担任"事故处理主任"的工作，按应急方案操作；组织车站员工处理事故；及时向行调报告处理情况。根据车站客流变化、设施运转情况，及时解决好客流引导、乘客排队、购票等服务问题；以礼为先，客观、公平、公正处理乘客投诉或纠纷等事务。

4. 安全管理

确保行车、车站员工及乘客的安全；确保车站收益安全；监督车站保安工作，并密切注意出入口情况及公共区各种设备的运作情况，乘客的动态，必要时控制人潮；进行车站日常安全检查；每日向站长汇报安全情况。

值班站长的工作作息，一般采用四班两运转（即白、夜、休、休），也有个别城市轨道交通车站采用三班两运转（中、早、休）。城市轨道交通车站 24 小时需要有人工作，白天车站主要以对外乘客服务为主，夜间除了进行部分时段的乘客服务工作外，还需要配合施工作业人员进行施工，进行运营结束后的票款清点以及次日运营前的准备工作等。

（三）行车值班员客运工作职责

行车值班员在值班站长的领导下，主要负责监控列车运行、设备运转及客流情况，同时负责信号设备故障情况下的车站行车组织和协调。另外也负责一定的客运管理任务，具体如下：

（1）控制车站广播，并密切关注车站监控系统（CCTV），实时监视各区域情况。

（2）负责监控站级 AFC 设备运行情况，发现报警提示，及时提醒客运值班员或值班站长。

（3）保管行车设备备品、保管车站日常钥匙及部分票务钥匙等。

（4）负责车站设备故障的报修及登记工作。

（5）负责车站信息的接收及转达等。

（四）客运值班员客运工作职责

客运值班员在值班站长的领导下，主管车站客运管理工作，主要负责车站票务、服务，同时负责设备故障情况下的客流组织、应急处置和协调工作。

（1）组织站务员售检票及在站台和站厅从事客运服务工作。

（2）负责车票的收发、回收及保管工作。

（3）负责本班组售票组织及车站营收统计工作，统计汇总当日的客运量和营收情况报行调；各种票务收益单据填写及保管。

（4）负责车站票款解行的实施和安全。

（5）负责 TVM 钱箱更换、补币、清点以及票箱的补票工作。

（6）协助值班站长组织管理站务员，处理乘客问题，处理紧急事务，提供优质服务。

（7）监督售票员、厅巡在岗行为。

（8）每班巡视车站两次，维护车站安全，防止意外事件发生。

根据车站业务分工，部分城市地铁运营单位将车站的票务汇总处理工作设置专人负责，即由客运值班员岗位人员来完成，也有部分城市地铁运营单位将此部分工作纳入值班站长的工作范畴，由值班站长来完成车站的票务汇总处理工作，而不单独设岗；一般客运值班员的岗位作息时间与值班站长岗位相同，即四班两运转（白、夜、休、休），白班时间为 8：00—20：00，夜班为 19：30—次日 8：30。

（五）站务员客运工作职责

站务员在值班站长的领导下，协助值班员做好站台接发车、站厅巡视和票亭服务等工作，具体又分为票务岗、厅巡岗、站台岗，在当班期间可以由站长或是值班站长根据需要进行灵活调整。一般城市地铁车站站务员岗位通常采用三班两运转方式，即早、中、休，也有个别地铁采用四班两运转方式。

1. 票务员岗位职责

（1）严格按票务制度和有关规定出售车票，按"一收、二唱、三操作、四找零"的程序进行作业。

（2）保管当班报表、单据、现金、车票、票务钥匙、车站票务中心相关备品，确保票、款、账的安全和正确。

（3）及时处理乘客的无效票和过期票。

（4）按照有关服务要求向乘客提供优质服务，对待乘客热心、耐心、细心，做好乘客服务工作。

（5）完成相应票务报表的填写。

（6）协助处理票务紧急情况。

2. 厅巡站务员岗位职责

（1）负责站厅巡视工作，检查电扶梯运行情况，自动售票机（TVM）、闸机运作情况等，及时主动向有需要的乘客提供服务。

（2）检查站厅付费区、非付费区乘客的动态，发现有违反地铁规定的要及时制止。

（3）帮助乘客，回答乘客询问，引导乘客正确操作票务设备；特别注意帮助老、弱、病和有困难及伤残的乘客，解决乘客问题，为乘客提供优质服务。

（4）负责及时更换钱箱、票盒，帮助引导进出闸车票有问题的乘客到售票处。检查乘客车票的有效性，及时回收乘客遗留车票。

（5）负责站厅员工通道门的管理，对通过通道门进出的人员进行严格登记。

（6）向值班站长报告异常情况，向客运值班员报告处理不了的问题。

（7）协助处理票务紧急情况。

3. 站台站务员岗位职责

（1）监视列车运行状态、候车乘客动态，确保列车正常运行，保障乘客人身安全。

（2）按照站台作业标准进行接发车及乘客服务工作。

（3）列车进站时，站在扶梯口与紧急按钮之间，遇到紧急情况时按压按钮或阻止扶梯口抢上的乘客在关车门时冲上车，避免夹伤。

（4）维持站台乘车秩序良好、有序。

（5）处理站台发生的事情，如处理乘客按压客车报警按钮、拾起掉落轨道的物品、站台清客等。

（6）若发现屏蔽门故障等异常情况及时采取措施，并与车控室联系。

（7）向值班员报告不正常情况。

（8）回答乘客询问，在力所能及的范围内，尽量帮助乘客解决问题，特别注意帮助老、弱、病、残等需要提供帮助的乘客。

车站站务人员是地铁的服务窗口，站务人员的作业直接体现着运营单位的形象，因此各运营单位都会对站务人员的作业进行规范。各个城市地铁运营单位对站台岗的作业要求不尽相同。

三、车站各岗位能力要求

（一）站长岗位能力要求

1. 计划能力

（1）能独立、有效地定义、策划、运营和管理生产相关的具体项目。

（2）监控计划的关键路径和风险，并能制定解决问题的措施。

（3）带领车站员工规划、运作具体的项目活动。

2. 安全意识

（1）有发现和消除安全隐患的能力，并帮助辅导团队成员处理安全问题。

（2）能有效发现生产中的安全隐患，并制定防范措施。

（3）展示安全操作的方法，监督检查安全规章的执行。

（4）辅导和培训他人处理安全与环境问题，帮助车站员工采取适当的安全防范措施。

（5）定期沟通安全和环境方面的问题，并将解决安全问题作为需要优先考虑的事情。

3. 团队管理

（1）在组织团队正常运作实现既定目标的同时，能关注员工的绩效及个人发展。

（2）能够描述当前团队的特点，并对团队成员提供各方面的指导。

（3）保证每一位团队成员在岗位上齐心协力向同一方向前进。

（4）公开、直接地与人交谈关于他人绩效表现的话题，给予必要的关注与指导。

（5）善于总结分析，在任务完成之后与员工一同分析经验和教训。

（6）鼓励下属独立解决问题，提高工作能力。

4. 关注乘客

（1）关注乘客满意度，能够发现服务差距，定期反馈和沟通。

（2）能够描述出在保持乘客满意度方面的成功范例。

（3）组织并实施乘客满意度相关问题与要求的讨论。

（4）能够识别乘客期望与实际服务水平之间的差距。

5. 谈判能力

（1）以理性的态度，有策略地进行谈判，并能评估可能需要做出的让步妥协条件。

（2）评估可能需要做出的牺牲或妥协条件。

（3）以非防御性的态度使争论保持对事不对人的氛围。

6. 压力应对

（1）在各种较大的压力环境下能保持冷静，专注于工作。

（2）能灵活运用各种手段，缓解外界压力。

（3）面对他人的愤怒或失控，或面对投诉和抱怨时保持冷静。

（4）在时限迫近时仍保持效率。

（二）值班站长岗位能力要求

1. 安全意识

（1）有发现和消除安全隐患的能力，并帮助辅导团队成员处理安全问题。

（2）能有效发现生产中的安全隐患，并制定防范措施。

（3）展示安全操作的方法，监督检查安全规章的执行。

（4）辅导和培训他人处理安全与环境问题，帮助本班组员工采取适当的安全防范措施。

（5）定期沟通安全和环境方面的问题，并将解决安全问题作为需要优先考虑的事情。

2. 团队管理

（1）在组织本团队正常运作实现既定目标的同时，能关注本班组员工的绩效及个人发展。

（2）能够描述当前团队的构成情况，并评价每一位团队成员的才能、工作风格及贡献。

（3）向下属分配工作时，清晰地解释工作的目标及其逻辑关系。

（4）比较清晰地界定团队成员的优点和局限，能给予必要的关注与指导。

3. 关注乘客

（1）当班期间关注乘客满意度，能够发现服务差距，定期反馈和沟通。

（2）能够描述出在保持乘客满意度方面的成功范例。

（3）组织并实施乘客满意度相关问题与要求的讨论。

（4）能够识别乘客期望与实际服务水平之间的差距。

4. 压力应对

（1）在各种较大的压力环境下能保持冷静，专注于工作。

（2）能灵活运用各种手段，缓解外界压力。

（3）面对他人的愤怒或失控，或面对投诉和抱怨时保持冷静。

（4）在工作紧迫时仍保持效率。

5. 流程管理

（1）对车站运作的各模块业务流程、各个环节及存在的问题有所认识。

（2）能够分析和描述工作流程的关键点所在。

（3）对员工在业务流程中的瓶颈，提出改善方案。

小贴士

西安地铁客运人给你双倍的温暖

【案例1】生命诚可贵，我们为您保驾护航

2018年12月7日央视新闻频道报道了一则西安地铁1号线长乐坡站的乘客救助事件，原来是12月4日上午11点左右，车站站台有一位女乘客躺在椅子上，面色苍白，车站值班站长赶到现场后询问乘客身体状况，乘客称自己在回家的途中腰部疼痛难忍，想寻求车站帮助拨打"120"，同时车站工作人员赶赴现场对乘客进行按摩并送上热水，乘客看到工作人员无微不至的关心，不禁感动得流下了眼泪。现场有一位西京医院的护士来到乘客身旁，询问乘客的身体状况并进行安慰，判断此种情况很有可能为肾结石，"120"救护车赶到现场后立即将乘客送往医院。好心的陌生人，谢谢你们的默默奉献。

【案例2】两座城市间的问候，一面千里外的锦旗

"是西安地铁五路口站的工作人员吗？"12月8日五路口站车控室接到一个陌生电话，原来是在11月14日早上，四川省江油市的乘客张女士在乘坐地铁时将红色手提包丢失在车站，内有现金两万余元、黄金首饰7件，车站立即通过各种方式努力联系失主，功夫不负有心人，车站终于联系到了张女士，当时焦急的张女士在车站看到自己失而复得的手提包后流下了激动的泪水。半个月后车站在与张女士通电话的同时也收到了张女士不远千里快递过来的一面锦旗，电话里张女士表示因自己人在老家不能亲自送锦旗而深感遗憾，并对车站人员再次表示感谢。

【案例3】冬日地铁暖人心，爱心预约伴您行

12月11日，纺织城站接到通化门站通知有爱心预约乘客需要从纺织城站出站至唐都医院检查身体，接到信息后，车站立即安排人员在列车对应屏蔽门处等候乘客下车。因害怕乘客乘坐轮椅不便出站，车站员工将乘客送至站外地面，再放心交由乘客家人陪同。乘客临行前，车站员工将车站电话留于乘客，再三叮嘱有需要可以直接联系车站，以便乘客回来乘坐地铁时能够及时得到车站员工的帮助。爱心预约，给予需要帮助的你们最温暖的守候。

【案例4】气温骤降救助走失老人，地铁暖心不降温

12月7日翻看微博时被人民网一则微博网民的评论暖化了心，11月28日，地铁1号线通化门站内一位老人和老伴走散后，独自在地铁站内徘徊，直抹眼泪。工作人员上前询问后得知老人因为和老伴走散着急而落泪，车站立即在信息群里发布寻人信息，在等待的过程中工作人员一直安慰老人，在老伴回到车站时老人对工作人员鞠躬感谢。这则新闻被网民称赞"这种白首不分离的爱情真让人动容"。看着两位老人手牵手离开车站，执子之手，与子偕老，这样的爱情温暖了寒冷的冬天。

【案例5】女子地铁站内晕倒，众人齐心协力救助

12月11日，地铁1号线汉城路站车控室接报有乘客在车厢晕倒，站长和值班站长接报后立即赶往现场，好心的乘客已将晕倒乘客抬至站台，随后车站工作人员与保安、公安共同将乘客搬至座椅上，设置屏风进行围挡，疏散周围围观乘客，站长将乘客抱在怀里和车站工作人员一起对乘客进行手部按摩，慢慢地乘客恢复意识，而后被医护人员送上了急救车。寒冷的冬天，工作人员温暖的怀抱拉近了两颗陌生的心，让爱传递。

【素质素养养成】

（1）在思考城市轨道交通运营公司组织架构时，一定要养成严格按照城市轨道交通运营公司组织架构体系进行思考的意识，要积极参与团队和组织的管理与决策。

（2）在思考城市轨道交通车站行政管理工作的过程中，既要考虑到客运企业需要最大限度地满足乘客的乘车需求，同时也要考虑客运企业所需的高额成本，要有以人为本、兼顾企业效益的意识。

（3）在划分车站员工岗位时，要明确职业目标，规划职业发展。

（4）在理解排班制度的过程中，要求分类准确，符合以人为本的原则，要养成良好的生活习惯和时间管理习惯。

【任务分组】

学生任务分配表

班级			组号		指导教师	
组长			学号			
	姓名	学号		姓名		学号
组员						
任务分工						

【自主探学】

任务工作单1

组号：_____ 姓名：_____ 学号：_____ 检索号：1217-1

引导问题：

（1）请说出常见的城市轨道交通车站行政管理方式有哪些。

_____

_____

_____

（2）常见的城市轨道交通车站员工岗位划分及排班制度有哪些？

_____

_____

_____

_____

任务工作单 2

组号：_____　　姓名：_____　　学号：_____　　检索号：1217-2

引导问题：

（1）如何分析城市轨道交通车站行政管理方式？

_____

_____

_____

（2）如何理解车站员工不同岗位及排班制度？

_____

_____

_____

（3）请列举城市轨道交通车站岗位，并列举相应的岗位工作职责。

序号	车站岗位	岗位工作职责

【合作研学】

任务工作单

组号：_____　　姓名：_____　　学号：_____　　检索号：1218-1

引导问题：

（1）小组交流讨论，教师参与，形成正确的城市轨道交通车站岗位，以及正确的岗位工作职责。

序号	车站岗位	岗位工作职责

（2）记录自己存在的不足。

_____

_____

_____

【展示赏学】

任务工作单

组号：＿＿＿＿＿＿　　姓名：＿＿＿＿＿＿　　学号：＿＿＿＿＿＿　　检索号：1219-1

引导问题：

（1）每小组推荐一位小组长，汇报城市轨道交通车站岗位，借鉴每组经验，进一步优化岗位工作职责。

序号	车站岗位	岗位工作职责

（2）检讨自己的不足。

_____

_____

_____

【评价反馈】

任务二　车站日常运作

【任务描述】

请小组合作完成资料查阅，共同研讨，选择适当的选项，补充完成"地铁车站的24小时——值班站长、车站值班员和站务员一日当班工作流程"（见表1-2-1）。

说明：时间点主要指班前、班中、交班、接班、班后、客流高峰、平缝、运营开始、运营结束、末班车到达前××分钟、首班载客列车到达前××分钟等。

要求：每个时间段选取一个工作任务即可（将序号填入表1-2-1内），但各时间段所选工作内容不要重复。

表1-2-1　车站主要岗位工作流程

时间段	时间点	值班站长	行车值班员	客运值班员	乘客服务中心站务员（安全员）	站台站务员
00:00—01:00	00:40 运营结束	与站务员一起接发末班车；组织关闭车站		需要将票款送往银行时，整理票款、填写送款单，准备解行	与客运值班员结账	
01:00—02:00	01:00	组织培训或演练	监控设备运行		监控设备	接受培训或演练休息
02:00—03:00	02:00	盘点纸币和备用金		审核票务报表	监控设备	接受培训或演练休息
03:00—04:00	03:30	填写各种台账	监控设备运行	监控设备运行	监控设备	接受培训或演练
04:00—05:00	04:00	巡查车站、组织班前会		给所有TVM补币、补票，给早班配票	到AFC票务室领取票、票务备品及备用金	
05:00—06:00	05:10	与站台站务员一起接发首班车	播放运营广播	监控设备运行		领取钥匙、手台，站台值守
06:00—07:00	06:30	巡查车站	开广告	监控客流	售票作业与回答问询	站台、自动扶梯的客流组织（客流高峰期限流）工作
07:00—08:00	07:20	进行高峰期客流组织	监控设备运行		售票作业与回答问询	维持站台秩序、提醒乘客不要拥挤，组织乘客有序乘降，不要手扶车门
08:00—09:00	08:20	提交工作文件给相关部门	监控设备运行	检查早班乘客服务中心（票亭）交接情况	售票作业与回答问询	签到，接受上级交代工作。领取相关的对讲机设备和钥匙
09:00—10:00	09:00	车站巡视	监控设备运行	与售票员结账，更换钱箱，清点钱箱	售票作业与回答问询	
10:00—11:00	10:00	填写各种台账	监控设备运行		售票作业与回答问询	
11:00—12:00	11:00	填写各种台账	监控设备运行	巡站，处理乘客事务	找人替班，午饭	解答乘客问询，关注行动不便乘客

续表

时间段	时间点	值班站长	行车值班员	客运值班员	乘客服务中心站务员（安全员）	站台站务员
12:00—13:00	12:00	顶班	监控设备运行	给顶岗员工配票	售票作业与回答问询	
13:00—14:00	13:00	车站巡视	监控设备运行	安排站务员更换票箱	售票作业与回答问询	
14:00—15:00	15:00	车站巡视	监控设备运行	监控设备运行	售票作业与回答问询	巡视车站及设备
15:00—16:00	15:30	班组事务处理	监控设备运行	巡站、处理乘客事务	售票作业、处理乘客事务	站台执岗，维护秩序
16:00—17:00	16:00	填写各种台账	监控设备运行		售票作业与回答问询	发现乘客有违规行为，应及时制止，并做好解释工作
17:00—18:00	17:20	交接班	交接班	接班：检查票务室票务备品及票务钥匙情况；检查早班台账填写情况；检查票款、备用金及库存车票情况	售票作业与回答问询	站台执岗，维护秩序
18:00—19:00	18:00	车站巡视	监控设备运行	监控客流、安排站务员更换票箱	售票作业与回答问询	站台、自动扶梯的客流组织（客流高峰时限流）工作
19:00—20:00	20:00	处理各种工作邮件	监控设备运行	巡站、处理乘客事务	售票作业与回答问询	站台执岗，维护秩序
20:00—21:00	21:00	车站巡视	监控设备运行	与售票员结账、更换钱箱、清点钱箱	售票作业与回答问询	站台执岗，维护秩序
21:00—22:00	21:30	班组事务处理	关广告灯箱	处理站厅事务	售票作业与回答问询	站台执岗，维护秩序
22:00—23:00	22:50	填写各种台账	填写FAS记录本	整理票务室内务	售票作业与回答问询	巡视车站及设备
23:00—24:00	23:30	填写各种文件报表		按规定上交报表、检查各项工作情况，进行票务业务知识抽问		

① 播放运营结束广播。

② 受理施工登记，开启区间照明。

③ 与乘客服务中心售票员结账，更换钱箱，清点票款。

④ 关站前巡查，清理站台，确认车站没有滞留乘客。

⑤ 配合值班站长做好车站开启工作。

⑥ 检查施工是否全部注销；巡道；道岔清扫（携带钥匙、灯、记录仪）。

⑦ 做好开窗准备；检查对讲设备、票务设备、备品。

⑧ 关闭区间照明；报送电广播。

⑨ 巡视车站及设备。

⑩ 简单处理车门、站台门故障。

⑪ 巡视，对非正常的情况保持警觉，如突发事件、站台门故障等。

⑫ 早班交班时，退出半自动售票机（BOM），与中班售票员按交接班制度规定进行交接。

⑬ 交接班：整理所有钱款、票、备品。

⑭ 交接班：清点手台、钥匙、充电器、记录仪。

⑮ 协助值班站长进行事故处理。

⑯ 完成当日报表及账册，清点补币备用金。

⑰ 列车清人作业。

⑱ 关闭售票窗口。

⑲ 与行调联系，核对施工，抄写调令。

【学习目标】

1. 知识目标

（1）掌握车站各岗位作业标准及作业流程；

（2）了解车站各岗位注意事项；

（3）掌握城市轨道交通车站的开关站程序。

2. 能力目标

（1）会分析车站各岗位作业流程及岗位技能；

（2）会梳理站长、值班站长、值班员、站务员的作业流程；

（3）会梳理城市轨道交通车站的开关站程序。

3. 素质目标

（1）培养良好的职业道德素养，强化责任意识，注重诚信品质；

（2）培养良好的团队协作精神，增强沟通能力和组织协调能力；

（3）树立正确的劳动观念，培养勤劳、朴实、敬业的品质。

【任务分析】

1. 重点

车站各岗位作业标准。

2. 难点

车站各岗位作业流程。

站台岗作业流程

票亭岗作业流程

客运值班员作业流程 1

客运值班员作业流程 2

值班站长作业流程

车站开关程序及管理

城轨车站运营管理智能化

【相关知识】

根据车站的规模、客流量大小，每班配备值班站长 1 名、行车值班员 1~2 名、客运值班员 1~2 名、站务员数名。各岗位的工作既有客运组织及票务管理工作，也有行车组织、设备管理和综合性事务，以下分别介绍。可以看出，车站各岗位的客运及票务工作占了较大的比例。下面以某地铁运营公司车站各岗位客运作业流程为例进行详细介绍。

一、车站各岗位作业流程

（一）值班站长作业流程

1. 作业流程表

值班站长实行"白—夜—休—休"的四班两运转，白班 7:30—20:00，夜班 19:30—次日 8:00。夜班值班站长增加了施工防护、组织演练等工作。白班值班站长作业流程如表 1-2-2 所示，夜班值班站长作业流程如表 1-2-3 所示。

表 1-2-2　白班值班站长作业流程

时间	工作内容	工作地点
7:40—7:50	提前到站，放置私人物品，更换工服	更衣室
7:50—8:00	签到，与交班值班站长交流，重点了解新文件、通知、命令，当班期间存在的问题、隐患及处理情况，生产已完成和未完成情况	车控室
8:00—8:20	（1）列队点名，整理着装，检查本班组员工仪容仪表（见图 1-2-3）； （2）组织召开班前会，进行班前抽问，重要文件、命令传达，当班工作布置	车控室前（公共区）或会议室
8:20—8:35	与夜班值班站长进行交接： （1）钥匙、备品交接； （2）当班重点情况交接，查看《当班登记交接本》； （3）查看消防巡视及消防器材维修更换台账，了解车站消防设备、设施故障及处理情况； （4）查看施工登记台账，了解车站施工情况； （5）查看物品借用登记台账，了解车站借出物品归还情况； （6）查看调度命令本、行车日志等了解行车情况； （7）交接站级设备运行情况（环控设备、电扶梯、AFC 设备等）	站长室、车控室

续表

时间	工作内容	工作地点
8：35—9：00	巡视站厅、站台、出入口及车站设施、设备，做好记录	站厅、站台、出入口
9：00—10：30	（1）检查班组作业标准、劳动纪律及工作状态等； （2）处理乘客事务； （3）处理文件； （4）根据现场需要进行顶岗	站厅、站台、站长室或车控室
10：30—11：00	巡视站厅、站台、出入口及车站设施、设备，做好记录	站厅、站台、出入口
11：00—11：30	顶站台岗吃饭	站台
11：30—12：00	顶行车值班员吃饭	车控室
12：00—12：30	吃饭	休息室
12：30—13：00	巡视站厅、站台、出入口及车站设施、设备，做好记录	站厅、站台、出入口
13：00—14：30	（1）检查班组作业标准、劳动纪律及工作状态等； （2）处理乘客事务； （3）处理文件等； （4）根据现场需要进行顶岗	站厅、站台、站长室或车控室
14：30—15：00	巡视站厅、站台、出入口及车站设施、设备，做好记录	站厅、站台、出入口
15：00—17：00	（1）检查班组作业标准、劳动纪律及工作状态等； （2）处理乘客事务； （3）处理文件等	站厅、站台、站长室或车控室
17：00—17：30	巡视站厅、站台、出入口及车站设施、设备，做好记录	站厅、站台、出入口
17：30—18：00	顶站台岗吃饭	站台
18：00—18：30	顶行车值班员吃饭	车控室
18：30—19：00	吃饭	休息室
19：00—19：20	巡视站厅、站台、出入口及车站设施、设备，做好记录	站厅、站台、出入口
19：20—19：30	与接班值班站长交流，重点说明新文件、通知、命令，当班期间存在的问题、隐患及处理情况，生产已完成和未完成情况	站长室或车控室
19：30—19：50	梳理手中的有关备品	站长室
19：50—20：00	与夜班值班站长交接	站长室
20：00—20：10	监督客运值班员的交接工作	票务管理室
20：10—20：20	组织召开班后总结会，点评班组各岗位工作情况	会议室
20：20	签退，换装	车控室、更衣室

图 1-2-3 列队点名

表 1-2-3　夜班值班站长作业流程

时间	工作内容	工作地点
19:10—19:20	提前到站，放置私人物品，更换工服	更衣室
19:20—19:30	签到，与交班值班站长交流，重点了解新文件、通知、命令，当班期间存在的问题、隐患及处理情况，生产已完成和未完成情况	车控室
19:30—19:50	(1) 列队点名，整理着装，检查本班组员工仪容仪表； (2) 组织召开班前会，进行班前抽问，重要文件、命令传达，当班工作布置	车控室前（公共区）或是会议室
19:50—20:00	与白班值班站长进行交接： (1) 钥匙、备品交接； (2) 当班重点情况交接，查看《当班登记交接本》； (3) 查看消防巡视及消防器材维修更换台账，了解车站消防设备、设施故障及处理情况； (4) 查看施工登记台账，了解车站施工情况； (5) 查看物品借用登记台账，了解车站借出物品归还情况； (6) 查看调度命令本、行车日志等了解行车情况； (7) 交接站级设备运行情况（环控设备、电扶梯、AFC 设备等）	站长室
20:00—20:30	巡视站厅、站台、出入口及车站设施、设备，做好记录	站厅、站台、出入口
20:30—22:00	(1) 检查班组作业标准、劳动纪律及工作状态等； (2) 处理乘客事务； (3) 处理文件； (4) 根据现场需要进行顶岗	站厅、站台、站长室或车控室
22:00—00:00	做好末班车客运服务以及运营结束后关站及巡视工作	站厅、站台、出入口
00:00—4:00	(1) 做好当日车站运营信息的收集和上报工作； (2) 组织本班组员工进行学习和演练； (3) 监控夜班施工情况，设置施工防护	车控室
4:00—4:30	巡视车站，检查施工出清情况	站厅、站台、出入口
4:30—6:00	(1) 与客运值班员进行补币、补票工作； (2) 组织做好开站工作，检查车站设备、设施运行情况	站厅、站台、出入口
6:00—6:30	(1) 检查班组作业标准、劳动纪律及工作状态等； (2) 处理乘客事务； (3) 处理文件； (4) 根据现场需要进行顶岗	站厅、站台、站长室或车控室
7:20—7:40	巡视站厅、站台、出入口及车站设施、设备，做好记录	站厅、站台、出入口
7:50—8:00	与接班值班站长交流，重点说明新文件、通知、命令，当班期间存在的问题、隐患及处理情况，生产已完成和未完成情况	站长室或车控室
8:00—8:10	梳理手中的有关备品	站长室
8:10—8:20	与白班值班站长交接	站长室
8:20—8:40	监督客运值班员的交接工作	票务管理室
8:40—9:00	组织召开班后总结会，点评班组各岗位工作情况	会议室
9:00	签退，换装	车控室、更衣室

2. 值班站长作业过程注意事项

（1）早班作业注意事项。

① 签到后进行班前巡视并与夜班值班站长进行交接工作。检查、清点钥匙、行车备品、对讲设备等备品。

② 做好台账交接：认真检查《坐台人员登记本》《钥匙借出登记本》《施工登记》《来文登记》《巡站记录》《行车日志》等台账。

③ 检查文件、通知，核实夜班完成或未完成的工作，在接班中模糊、不清、有疑问的问题要问清楚。（若上级来询问车站情况，当班值班站长不能给出答复时，车站要做出考核。）

（2）工作中作业注意事项。

① 安排好各工种的工作。若遇突发事件，事故发生，应及时了解清楚后进行处理并报告行调。

② 经常巡站检查，指导各个工种的工作，及时帮助完成各项工作任务。

③ 巡站检查各岗位工作情况，落实"两纪一化"和各岗位职责的执行，填写《车站巡视检查本》和《站务员工情况检查本》，做好本班组的考核记录和考核工作。

④ 检查站务员所填的台账：《边门进出登记》《车站巡视检查本》。

⑤ 按要求处理上级布置任务、车站的工作和当班事务并做好记录。属于本班处理的工作不留到下一班处理。

⑥ 检查指导做好票务、乘客服务工作。

⑦ 做好车站员工的班后总结、学习文件和培训工作。

⑧ 整理文档，做好车站内务工作，确保文明办公和卫生，规范其他部门在车站工作的行为。

⑨ 根据车站工作、两长五大员的分工和车站每周/月工作计划，保证有足够的时间来做好自己所分配的工作，并协助站长做好车站的基础管理。

⑩ 交班前与中班接班值班站长进行交接工作。

⑪ 整理总结早班工作，有条理地记录需交接的事项，要做到不漏交。对一些需中班完成的工作和注意事项要重点注明。

⑫ 检查《坐台人员登记本》《钥匙借出登记本》《施工登记》《来文登记》《巡站记录》《行车日志》等台账是否有漏填。

⑬ 与中班交接清楚后，在中班值班站长签名后，签退。

（3）夜班作业注意事项。

① 做好尾班车到发工作：按时广播、清客、关TVM、入闸机。

② 按程序关站。

③ 保证关站后和开站时的巡站（与公安和护卫一起），确保关站后的车站安全。

④ 检查晚上、早上低峰期车站员工的岗位纪律。

⑤ 检查站务员所填的台账：《员工通道进出登记》《车站巡视检查本》。

⑥ 做好线路巡道、设备施工的请销点登记手续，做好施工和工程车开行的安全防护措施。

⑦ 检查票务、顾客服务工作，审核报表。

⑧ 检查管理对讲设备的充电情况。

⑨ 按要求处理上级布置的任务、车站的工作和本班事务并做好记录。属于本班处理的工作不留到下一班处理。

⑩ 做好车站员工的班后总结、学习文件和培训工作。

⑪ 整理文档，做好车站内务工作、确保文明办公和卫生，规范其他部门在车站工作时的行为。

⑫ 根据车站工作、两长五大员的分工和车站每周/月工作计划做自己所分配的工作，协助站长做好车站的基础管理。

⑬ 检查早班员工到岗情况及开站前的准备情况，布置早班工作重点及注意事项。

（二）行车值班员客运作业流程

1. 作业流程表

行车值班员实行"白—夜—休—休"的四班两运转，白班和夜班行车值班员的作业流程如表1-2-4、表1-2-5所示。

2. 行车值班员作业注意事项

（1）白班。

① 签到，检查行车备品，做好记录，登记进入现场操作工作站（LOW）。

② 监视LOW，监视CCTV。

③ 正常情况下顶替值班站长坐台，让值班站长有时间巡站，完成其工作职责，做好车站基础管理。

④ 坐台时全面负责车站行车组织、播放广播，通过CCTV监视站台列车到发情况，遇危及行车安全时，在综合后备盘（IBP）上按压紧急停车按钮。

⑤ 接到文件通知时及时登记，协助值班站长处理本班工作。

⑥ 与中班值班员进行交接，退出LOW。

⑦ 在中班值班员签名后，签退。

表 1-2-4　白班行车值班员作业流程

时间	工作内容	工作地点
7:50—8:00	提前到站，放置私人物品，更换工服，签到	车控室
8:00—8:20	参加白班值班站长组织的班前列队点名及班前会，了解今日安全事项及重要文件、通知等精神	车控室前（公共区）、会议室
8:20—8:40	与夜班行车值班员进行交接： （1）备品交接（备品柜中物品、钥匙柜中钥匙，以及相关票务钥匙等）； （2）查看《调度命令登记本》《行车日志》，了解行车情况； （3）查看《车站消防、综治巡查记录本》《车站设备、设施故障登记本》《消防（控制室）值班记录本》《消防器材维修、更换、保养台账》，重点了解车站消防、行车设备、设施故障处理情况； （4）查看交接本中"交接班事项"，了解上一班的重点事项，以及完成或待完成的工作等； （5）查看施工登记情况，了解车站施工及防护设置情况；查看《施工行车通告》，了解当天及本周的施工安排； （6）查看《钥匙借用登记本》《车站物品借用登记本》，了解车站钥匙、物品借用情况； （7）查看IBP上钥匙是否插在规定位置； （8）了解设备报修及登记情况； （9）查看车控室各监控设备运行情况以及站级设备运行情况等	车控室

续表

时间	工作内容	工作地点
8:40—11:30	（1）监控站台乘客乘车情况； （2）监控列车运行情况； （3）监控好站台行车设备（屏蔽门、紧停按钮）运行情况； （4）监控站级 AFC 设备（TVM、BOM）运作状态； （5）监控站厅、出入口客流情况； （6）根据现场情况适时播放广播； （7）办理车站不影响行车的施工请销点及钥匙借用登记等手续； （8）发现车站设备故障及时报修，并登记； （9）接收电话信息，并做好记录，重要信息、事项立即告知值班站长； （10）根据值班站长安排，适时顶岗	车控室或其他
11:30—12:00	午饭	休息室
12:00—18:00	（1）监控站台乘客乘车情况； （2）监控列车运行情况； （3）监控好站台行车设备（屏蔽门、紧停按钮）运行情况； （4）监控站级 AFC 设备（TVM、BOM）运作状态； （5）监控站厅、出入口客流情况； （6）根据现场情况适时播放广播； （7）办理车站不影响行车的施工请销点及钥匙借用登记等手续； （8）发现车站设备故障及时报修，并登记； （9）接收电话信息，并做好记录，重要信息、事项立即告知值班站长； （10）根据值班站长安排，适时顶岗	车控室
18:00—18:30	吃饭	休息室
18:30—19:50	（1）监控站台乘客乘车情况； （2）监控列车运行情况； （3）监控好站台行车设备（屏蔽门、紧停按钮）运行情况； （4）监控站级 AFC 设备（TVM、BOM）运作状态； （5）监控站厅、出入口客流情况； （6）根据现场情况适时播放广播； （7）办理车站不影响行车的施工请销点及钥匙借用登记等手续； （8）发现车站设备故障及时报修，并登记； （9）接收电话信息，并做好记录，重要信息、事项立即告知值班站长； （10）根据值班站长安排，适时顶岗； （11）梳理本班组重点事项	车控室或其他
19:50—20:10	与夜班行车值班员交接	车控室
20:10—20:20	参加值班站长组织的班后总结会	车控室
20:20	签退	车控室

（2）夜班。

① 签到，检查行车备品，做好记录，登记进入 LOW。

② 通过 CCTV 监视，协助值班站长做好尾班车的到发广播。

③ 尾班车开出后协助值班站长清客关站。

④ 做好线路巡道，设备施工的请销点登记手续，做好施工和工程车开行安全防护措施。

⑤ 做好车控室、会议室、休息室、更衣室卫生。

⑥ 学习规章文件。

⑦ 5:00前，按规定操岔、检查线路出清情况及时报告行调。

⑧ 协助值班站长开站。

⑨ 与早班交接班，要求同上。

表1-2-5　夜班行车值班员作业流程

时间	工作内容	工作地点
19:20—19:30	提前到站，放置私人物品，更换工服，签到	车控室
19:30—19:50	参加白班值班站长组织的班前列队点名及班前会，了解今日安全事项及重要文件、通知等精神	车控室前（公共区）、会议室
19:50—20:10	与白班行车值班员进行交接： （1）备品交接（备品柜中物品、钥匙柜中钥匙以及相关票务钥匙等）； （2）查看《调度命令登记本》《行车日志》，了解行车情况； （3）查看《车站消防、综治巡查记录本》《车站设备、设施故障登记本》《消防（控制室）值班记录本》《消防器材维修、更换、保养台账》，重点了解车站消防、行车设备、设施故障处理情况； （4）查看交接本中"交接班事项"，了解上一班的重点事项，以及完成或待完成的工作等； （5）查看施工登记情况，了解车站施工及防护设置情况；查看《施工行车通告》，了解当天及本周的施工安排； （6）查看《钥匙借用登记本》《车站物品借用登记本》，了解车站钥匙、物品借用情况； （7）查看IBP上钥匙是否插在规定位置； （8）了解设备报修及登记情况； （9）查看车控室各监控设备运行情况以及站级设备运行情况等	车控室
20:10—22:00	（1）监控站台乘客乘车情况； （2）监控列车运行情况； （3）监控好站台行车设备（屏蔽门、紧停按钮）运行情况； （4）监控站级AFC设备（TVM、BOM）运作状态； （5）监控站厅、出入口客流情况； （6）根据现场情况适时播放广播； （7）办理车站不影响行车的施工请销点及钥匙借用登记等手续； （8）发现车站设备故障及时报修，并登记； （9）接收电话信息，并做好记录，重要信息、事项立即告知值班站长； （10）根据值班站长安排，适时顶岗	车控室或其他
22:00—23:00	（1）监控站台乘客乘车情况； （2）监控列车运行情况； （3）适时将部分进站闸机和TVM设置为暂停服务模式； （4）适时播放末班车广播； （5）监控出入口、站厅客流情况； （6）适时播放车站关站广播； （7）乘客全部出站后，通过CCTV检查站厅、站台、出入口等处是否有人逗留； （8）将所有TVM和闸机设为暂停服务模式； （9）按要求关闭广告灯箱、出入口顶灯，关闭车站部分照明等	车控室

续表

时间	工作内容	工作地点
23:00— 次日4:00	（1）办理施工请销点手续； （2）收集整理有关运营信息，协助值班站长报送日报	车控室
4:00—6:00	（1）确认夜间轨行区施工全部销点，人员、工具出清，线路空闲； （2）按要求开启隧道风机并检查运行情况； （3）隧道风机结束后进行运营前检查： ① 本站影响行车的施工已结束，线路出清，接触网、供电系统及环控系统运作正常； ② 行车设备、配品齐全完好； ③ 道岔功能正常，进路可以排列； ④ 站台区域线路无侵限、无异状，端墙门、屏蔽门开关正常。 （4）检查各种设备开启情况，出入口照明、车站照明、PIS、广告灯箱、扶梯、AFC站级设备等； （5）监控压道车、空载客车的运行情况	车控室
6:00—8:20	（1）监控站台乘客乘车情况； （2）监控列车运行情况； （3）监控站台行车设备（屏蔽门、紧停按钮）运行情况； （4）监控站级AFC设备（TVM、BOM）运作状态； （5）监控站厅、出入口客流情况； （6）根据现场情况适时播放广播； （7）办理车站不影响行车的施工请销点及钥匙借用登记等手续； （8）发现车站设备故障及时报修，并登记； （9）接收电话信息，并做好记录，重要信息、事项立即告知值班站长； （10）梳理本班工作情况	车控室
8:20—8:40	与白班行车值班员交接	车控室
8:40—9:00	参加值班站长组织的班后总结会	车控室
9:00	签退，换装	车控室

（三）客运值班员客运作业流程

1. 作业流程表

客运值班员实行"白—夜—休—休"的四班两运转，白班和夜班客运值班员的作业流程如表1-2-6、表1-2-7所示。

表1-2-6　白班客运值班员作业流程

时间	工作内容	工作地点
7:50—8:00	提前到站，放置私人物品，更换工服，签到	车控室
8:00—8:20	参加白班值班站长组织的班前列队点名及班前会，了解今日安全事项及重要文件、通知等精神	车控室前（公共区）、会议室
8:20—8:40	与夜班客运值班员进行交接： （1）进行备用金、车票及票据的清点交接； （2）对票务设备进行检查（保险柜、点钞机、钥匙柜、钱箱、票箱），并在《交接班本》上做好记录； （3）查看车站发票使用登记簿；	票务管理室

续表

时间	工作内容	工作地点
8：20—8：40	（4）清点交接票务钥匙； （5）了解上一班有关票务重点工作、最新票务通知，以及需要本班组完成的票务工作等	票务管理室
8：40—11：30	（1）上交上一班次的票务报表； （2）整理报表台账及票务管理室内务； （3）票款解行工作，与上门收款人员进行交接，将上一班打包好的库包解行； （4）与 AFC 维修人员一起处理车站故障 AFC 设备； （5）检查票亭岗工作，监督售票员岗上是否按章作业，报表填写是否正确，票亭备品是否齐全良好； （6）在站厅处理乘客事务； （7）根据现场情况适时更换票箱、补充设备零币以及票亭岗缺少的有关乘客事务处理单据、发票等； （8）根据值班站长安排，进行顶岗作业	票务管理室、票亭、站厅
11：30—12：30	在票亭岗顶班，票亭站务员吃饭	票亭
12：30—13：00	吃饭	休息室
13：00—14：00	（1）巡视，处理乘客事务，检查 AFC 站级设备运行情况，根据现场情况适时更换票箱、补充设备零币； （2）与 AFC 维修人员一起处理车站故障 AFC 设备； （3）检查票亭岗工作，监督售票员岗上是否按章作业，报表填写是否正确，票亭备品是否齐全良好	站厅、票亭
14：00—14：30	（1）为中班票亭人员配票； （2）监督票亭岗早班与中班的交接； （3）与早班票亭岗人员结算，填写相应报表	票务管理室、票亭
14：30—17：30	（1）巡视，处理乘客事务，检查 AFC 站级设备运行情况，根据现场情况适时更换票箱、补充设备零币； （2）与 AFC 维修人员一起处理车站故障 AFC 设备； （3）检查票亭岗工作，监督售票员岗上是否按章作业，报表填写是否正确，票亭备品是否齐全良好； （4）根据值班站长安排进行顶岗	票亭、站厅
17：30—18：30	在票亭岗顶班，票亭站务员吃饭	票亭
18：30—19：00	吃饭	休息室
19：00—19：50	（1）巡视，处理乘客事务，检查 AFC 站级设备运行情况，根据现场情况适时更换票箱、补充设备零币； （2）整理本班相关报表及台账，梳理本班有关重要事项	站厅、票务管理室
19：50—20：10	与夜班客运值班员交接	票务管理室
20：10—20：20	参加值班站长组织的班后总结会	车控室
20：20	签退	车控室

表 1-2-7　夜班客运值班员作业流程

时间	工作内容	工作地点
19:20—19:30	提前到站，放置私人物品，更换工服，签到	车控室
19:30—19:50	参加白班值班站长组织的班前列队点名及班前会，了解今日安全事项及重要文件、通知等精神	车控室前（公共区）、会议室
19:50—20:10	与白班客运值班员进行交接： （1）进行备用金、车票及票据的清点交接； （2）对票务设备进行检查（保险柜、点钞机、钥匙柜、钱箱、票箱），并在《交接班本》上做好记录； （3）查看车站发票使用登记簿； （4）清点交接票务钥匙； （5）了解上一班有关票务重点工作、最新票务通知，以及需要本班组完成的票务工作等	票务管理室
20:10—22:00	（1）巡视，处理乘客事务，检查 AFC 站级设备运行情况，根据现场情况适时更换票箱、补充设备零币； （2）与 AFC 维修人员一起处理车站故障 AFC 设备； （3）检查票亭岗工作，监督售票员岗上是否按章作业，报表填写是否正确，票亭备品是否齐全良好； （4）根据值班站长安排进行顶岗	票亭、站厅
22:00—23:00	（1）与其中一个中班票亭岗人员结算，填写相应报表； （2）与一名站务员将部分 TVM 设置为暂停服务模式，开始收钱箱	票亭
23:00—次日 2:00	（1）运营结束，将余下的 TVM 设置暂停服务，并进行收钱箱； （2）为票亭岗结算，填写相应报表和台账； （3）与站务员进行票款清点工作，填写相应台账及报表； （4）对照报表进行车站计算机（SC）系统数据录入工作； （5）将票款打包，并填写缴款单据等； （6）提供日报相关票务信息	票务管理室
2:00—3:00	为次日运营做准备： （1）清点票卡，进行压票工作； （2）清点零币，进行零币周转箱的填充工作； （3）准备好给票亭岗配置的票卡、备用金及票报表等	票务管理室
3:00—4:30	（1）整理票务管理室内务，将物品摆放整齐； （2）整理相关报表和台账； （3）简单盘点备用金、票卡及台账、报表、票务备品库存情况，不足时及时做好记录，次日进行申报； （4）梳理当班期间重要票务文件及需要交接班时交接的重点事项等	票务管理室
4:30—5:30	（1）唤醒 AFC 站级设备，开始装机工作； （2）查看站级 AFC 设备情况，发现票箱满的闸机，进行更换； （3）检查 AFC 站级设备状态，确保其在正常服务模式下	票务管理室
5:30—6:00	为票亭岗配票	票务管理室

续表

时间	工作内容	工作地点
6:00—8:20	(1) 协助值班站长做运营前的其他准备工作； (2) 巡视，处理乘客事务，检查 AFC 站级设备运行情况，根据现场情况适时更换票箱、补充设备零币； (3) 与 AFC 维修人员一起处理车站故障 AFC 设备； (4) 检查票亭岗工作，监督售票员岗上是否按章作业，报表填写是否正确，票亭备品是否齐全良好； (5) 根据值班站长安排进行顶岗	站厅
8:20—8:40	与白班客运值班员交接	票务管理室
8:40—9:00	参加值班站长组织的班后总结会	会议室
9:00	签退，换装	车控室、更衣室

客运值班员工作的地点是管理用房中的票务管理室，票务管理室中有票据柜、钱箱存放区域（见图 1-2-4）、票箱存放区域。钱箱和票箱的清点工作必须在摄像头的监控范围内进行。

图 1-2-4　票务管理室钱箱清点

2. 客运值班员作业注意事项

（1）白班。

① 签到后与夜班值班员交接。

② 检查车票、现金、钥匙、票务设备备品情况。

③ 检查对讲设备使用情况。

④ 检查《值班员票务交接本》是否按要求填写。

⑤ 检查票务、顾客服务的文件通知是否有要注意的重点工作。

⑥ 确认交接清楚后在《值班员票务交接本》上签名。（如出现询问车站票务情况，交班值班员不能给出答复时，车站要做出考核。）

⑦ 审核报表，准时做车站报表、车票申报计划。

⑧ 检查对讲设备的正确使用。

⑨ 检查售票员工作情况，进行必要的复核、查账、监督票的安全执行。

⑩ 及时交报表，更换钱箱和票箱，开钱箱，结账。

⑪ 非联锁站正常情况下每班至少要有 2 h 左右时间顶替值班站长坐台，让值班站长有时间巡站完成其他工作职责，做好车站基础管理。

⑫ 坐台时全面负责车站行车客运组织、人员调配、各岗位管理。接到文件通知时做好登记，如有处理不了的事马上报告值班站长。

⑬ 协助值班站长处理车站内务。

⑭ 巡视车站，检查指导站务员工作。

⑮ 做好点钞室及票亭卫生，交班时与夜班值班员进行交接。

⑯ 统计好本班的车票、现金、票务设备备品情况，并在《值班员票务交接本》上做相应的记录。

（2）夜班。

① 签到后与早班值班员交接。

② 收车后做报表，按要求封好要加封的车票、现金。

③ 为明天早班配好票。

④ 检查对讲设备情况，到票亭检查设备有没有关电源。

⑤ 到票亭检查卫生内务，检查有没有遗漏的车票、现金，检查发票使用情况。

⑥ 维护车站夜班纪律。

⑦ 头班车到站前 15 min 配好票，并检查售票员到岗情况。

⑧ 交班时与早班值班员进行交接。

（四）站务员客运作业流程

地铁车站站务员岗位通常实行"早—中—休"的三班两运转，将全天的运营时间分为早班和中班两个范围，早班和中班的工作流程基本一样。也有地铁公司站务员实行"白—夜—休—休"的四班两运转。

1. 票亭岗作业流程及注意事项

早班票亭岗站务员作业流程如表 1-2-8 所示。

表 1-2-8　早班票亭岗站务员作业流程

时间	工作内容	工作地点
6：10—6：20	换工装，签到，到票务管理室配领相关车票、现金、报表、发票	更衣室、车控室、票务管理室
6：20—11：00	担任售票员售票工作	票亭
11：00—11：30	吃饭	休息室
11：30—15：15	担任售票员售票工作	票亭
15：15—15：20	与中班售票员交接	票亭
15：20—15：30	与客运值班员结账	票务管理室
15：30	签退	车控室

票亭岗站务员作业注意事项：

（1）了解当天工作注意事项和通知后，到点钞室领票，领取对讲设备，并预计报表等数量是否足够。

（2）到岗开窗前 5 min 到票亭，做好开窗准备。

（3）检查对讲设备能否正常使用。

（4）检查票务设备，备品的状态、数量（如验钞机、分钞盒、发票等）。

（5）检查票亭卫生、票亭外栏杆、立柱的摆设。

（6）检查票亭内有无来历不明的现金、车票。

（7）如有问题马上报值班站长或值班员。

（8）开窗售票工作中注意：

① 保持票亭的整洁，票证、报表、钱袋摆放整齐。

② 当报表、硬币、车票将不够时，提前报告。

③ 锁好门，并不能随意让非当班人员进入。

④ 严格按售票作业程序工作，特别是在出售储值票时要让乘客确认，如表1-2-9所示。

表1-2-9 售票作业程序

步骤	程序	内容
1	收	收取乘客购票的票款
2	唱	讲出票款金额，重复乘客要求的购票张数和车票类型，如未听清乘客的要求，应主动礼貌地询问
3	操作	正确、迅速地进行操作： a. 检验钞票真伪，如钞票为伪钞，则要求乘客另换张钞票； b. 在BOM上选择相应功能键，处理钞票
4	找	清楚说出找赎金额和车票张数，将车票和找赎的零钱一起礼貌地交给乘客

⑤ 快到吃饭时间，做好准备封账、退出BOM，做好票务、对讲设备的交接工作。

⑥ 售票结束与接班售票员进行票务备品、对讲设备、卫生的交接，交接完毕，将本班的报表、车票、空钱袋带回点钞室，并整理好票亭内务。晚班清站后，摆好"暂停服务"牌和"此处暂停服务，请到其他票务处"牌，并搞好票亭卫生，整理好票亭内务。

⑦ 在上行尾班车到站前5 min停止售票，悬挂"上行方向停止服务"牌，在下行尾班车到站前5 min停止兑零、售票。

⑧ 退出BOM。

⑨ 结账，与值班员共同确认对讲设备状态。

⑩ 结账完毕到值班站长处报到，在《坐台人员登记本》上签退。

2. 厅巡岗站务员作业流程及注意事项

早班厅巡岗站务员作业流程如表1-2-10所示。

表1-2-10 早班厅巡岗站务员作业流程

时间	主要内容	工作地点
6:20—6:30	换工装，签到	更衣室、车控室
6:30—9:00	担任站台岗职责，监控列车运行情况。遇到特殊事情，立即通知值班员、值班站长处理	站台
9:00—9:15	休息	休息室
9:15—11:00	继续担任站台岗职责，监控列车运行情况。遇到特殊事情，立即通知值班员、值班站长处理	站台

续表

时间	主要内容	工作地点
11:00—11:30	吃饭	休息室
11:30—14:55	继续担任站台岗职责，监控列车运行情况。遇到特殊情况，立即通知值班员、值班站长处理	站台
14:55—15:00	与中班站台岗进行交接	站台
15:00	签退	车控室

厅巡岗站务员作业注意事项：

① 上岗前到车控室签到，查阅《坐台人员登记本》《来文登记本》的内容记录，由值班站长抽查上一班的阅读文件情况及交代工作注意事项，由此决定工作的重点及文件阅读量。

② 领取相关钥匙，如票务设备钥匙、员工通道门匙、扶梯钥匙等，在《钥匙借用登记本》上登记。领取对讲机，在《车站备品（借）用登记本》上登记。

③ 带齐工作备品准时到岗，引导乘客正确操作 AFC 设备，及时处理 AFC 设备故障，解答乘客咨询，如遇解决不了的问题马上报车控室。

④ 每班巡视车站 3~4 次，需在《车站巡视记录本》上记录巡视情况，发现有违反地铁管理条例的乘客要及时制止，报车控室按指示做。

⑤ 按照车站排班要求打扫会议室、站务员室、更衣室，然后到站台顶岗。

⑥ 按要求更换 TVM 钱箱（兼顾巡站厅）。

⑦ 与中班交接班，把工作物品——票务钥匙、通道门钥匙、扶梯钥匙、对讲机交还车控室，并在相应台账上注销。夜班需关闭车站出入口；阅读完当天文件或规章，到车控室签下班点，下班。

3. 站台岗站务员作业流程及注意事项

早班与中班站台岗站务员的作业完全相同，早班站台岗的作业流程如表 1-2-11 所示。

表 1-2-11　早班站台岗站务员作业流程

时间	主要内容	工作地点
6:20—6:30	换工装，签到	更衣室、车控室
6:30—9:00	巡查车站设备，做好记录；补充 TVM 票卡及找零钱箱，回收闸机票卡；遇到特殊情况，立即通知值班员、值班站长处理	站厅
9:00—9:15	休息	休息室
9:15—11:00	巡查车站设备，做好记录；补充 TVM 票卡及找零钱箱，回收闸机票卡；遇到特殊情况，立即通知值班员、值班站长处理	站厅
11:00—11:30	吃饭	休息室
11:30—14:55	继续担任站厅岗职责，巡查车站设备，做好记录；补充 TVM 票卡及找零钱箱，回收闸机票卡；遇到特殊情况，立即通知值班员、值班站长处理	站厅
14:55—15:00	与中班站厅岗进行交接	站厅
15:00	签退	车控室

站台岗站务员作业注意事项：

① 上岗前到车控室签到，查阅《坐台人员登记本》《来文登记本》的内容记录，由值班站长抽查上一班的阅读文件情况及交待工作注意事项，由此决定工作的重点及文件阅读量。

② 领取工作钥匙——监控亭、下轨梯钥匙，在《钥匙借用登记本》上登记。领取对讲机，在《备品领（借）用登记本》上登记。

③ 按照站台岗作业标准程序监视列车到发，巡视站台及线路出清情况，列车进站时应站于扶梯口与紧急停车按钮之间，列车关门时控制扶梯口的乘客冲进列车，避免夹伤。

④ 主动疏导聚集在一端的乘客到较空的地方候车，关注乘客动态，耐心提醒乘客不要站在黄色安全线以外。

⑤ 根据车站要求与厅巡换岗。

⑥ 发现站台有异常情况发生的（包括列车到站时间不正常），影响到车站的正常运作，马上报车控室，并按指示逐步处理。

⑦ 早班岗阅读文件规章后，下班时间到车控室签退，下班。

⑧ 夜班注意负责将站台乘客清上站厅，并通知厅巡约有多少人上站厅。接完通勤车后，到车控室交还所有工作备品并登记。下班时间到车控室签退，下班。

二、车站开关程序

（一）车站开启

1. 车站开启注意事项

在车站开启前，值班站长必须确保：

（1）所有站台端门、屏蔽门已完全关闭和妥善锁定，并经手控开关（端门后方）试验。

（2）所有消防设备的性能良好并妥善固定。

（3）送电前接触轨下及附近没有杂物，接地装置已放回原位。

（4）车站公共区不存在安全隐患。

（5）各项设备功能正常。

（6）开启车站入口注意事项：

① 一般情况下，车站出入口必须在首班载客列车到达车站前 10 min 开放；

②需要时，可提前开启车站出入口，方便乘客购票，开门前要做好一切运营准备。

2. 车站开启流程

（1）首班车到站前。

① 开启车站前按规定巡视试验道岔。

② 试验开关安全门。

③ 检查站台和线路出清情况，确保所有工程领域或影响车站运营的工作都已撤销，所有物品及人员都已撤离轨道，并汇报行调。

（2）首班载客列车到站前。

① 开启照明。

② 开启车站环控系统（BAS），并检查其运行情况。

③ AFC 设备开启；确认已完成对 TVM 的补币、补票。

④ 领取票卡和备用金。

⑤ 全站巡视完毕。

⑥ 确认各岗位人员到岗。

⑦ 出入口大门、扶梯开启。

⑧ 向乘客广播候车的注意事项。

车站开站程序如表 1-2-12 所示。

表 1-2-12　车站开站程序

序号	责任人	内容
1	值班站长、行车值班员	首班车到站，按照规定时间或行车调度员通知，组织进行运营前检查，检查项目包括： a. 影响行车的 A 类施工是否已经结束，确认销点情况； b. 站台、线路出清情况； c. 按规定开启环控设备，并查看运行情况； d. 测试 LCW 排列进路，进行道岔单操； e. 测试屏蔽门开关情况； f. 检查行车备品状态等。 运营前检查后向行车调度员汇报
2	售票员	提前到站进行准备工作，出入口开启前到岗
3	值班站长	首班载客列车到站前巡视车站，开启出入口、电扶梯等工作
4	站台岗	提前到站进行准备工作，首班载客列车到站前领齐备品到岗
5	行车值班员	首班载客列车到达前通过 CCTV 查看站台到岗情况，打开照明开关，开启 AFC 设备（除闸机外），向乘客广播候车的注意事项

（二）车站关闭

1. 车站关闭注意事项

末班车开车前，值班站长必须确保：

（1）换乘站的列车接驳按编定的安排进行，获行车调度员特别指示的情况除外。

（2）车站内搭乘有关行车线列车的乘客已登上该末班车。

（3）列车驾驶员收到一切妥当的手信号。

（4）所有人员必须离开车站范围，获授权留下的人员则不在此限。

（5）要确定个别人员是否获授权于非行车时间内留在车站，必须向行车调度员查询。

（6）锁上所有出入口前，值班站长必须确保最后一名乘客已离开车站。

（7）末班车离站后，必须关闭和锁上所有车站的出入口，防止闲杂人员进入。

（8）所有出入口必须在整段非行车时间内关闭。

（9）有关员工或获授权的工作队必须从指定的出入口进入车站。

（10）开启该出入口需使用其个人获发的钥匙或通行卡，或向获授权的人员借用钥匙或通行卡。

（11）不允许非所属站区非当班员工在车站留宿。

2. 车站关闭流程

（1）末班车到站前，值班站长播放末班车广播；检查站厅、站台等岗位情况，在进站闸机前摆放停止服务告示牌。

（2）末班车到站前，值班员播放停止售票广播，关闭 TVM，并通知停止售票和进站检票工作。

（3）末班车到站前，值班站长确认所有 TVM、入闸机已关闭，停止售票广播正在播放。

（4）末班车开出前，值班站长和站务人员进行检查，确认站台乘客均已上车，向驾驶员展示"末班车手信号"。

（5）末班车开出后，票务员收拾票、钱，整理客服中心备品，注销 BOM，回票务室结账。

（6）运营结束后，值班站长清站，确认出入口关闭，扶梯、照明、AFC 设备全部关闭。车站关站程序如表 1-2-13 所示。

表 1-2-13　车站关站程序

序号	责任人	内容
1	行车值班员	上/下行尾班载客列车开出前开始播放末班车广播；运营结束后，执行车站节电照明模式
2	客运值班员	上/下行尾班载客列车开出前 5 min 左右关闭 TVM；通知售票员停止售票和进站检票工作；摆放有关服务信息的告示牌
3	站台岗	尾班载客列车开出前确认乘客上、下车情况；尾班车开出后进行站台清客
4	售票员	尾班载客列车开出前 5 min 停止售票、兑零等工作，收拾票、钱，整理票务处备品，注销 BOM，准备回票务管理室结账
5	值班站长	尾班载客列车到达前 5 min 确认所有 TVM、入闸机已关闭，停止售票广播正播放。尾班载客列车开出后清站，关闭车站电扶梯和出入口

小贴士

车站巡查作业

车站巡查是站厅岗和站台岗日常工作的重要内容之一，主要目的就是及时查明和消除隐患，避免事故发生。巡查时，需要定期巡查车站所有公共区，主要包括站台（地面、相关设备、乘客是否在安全线以内候车等）、通道（地面、设备、有无乘客在通道内滞留等）、扶手电梯（携带大件行李的乘客、行动不便的老人等）；巡查内容应认真填写在巡查表里。

1. 关注客流

（1）随时关注客流情况，避免因人多拥挤而造成危险。

（2）迅速移去任何阻碍客流的障碍物。

（3）做好在发生紧急情况时疏散乘客的准备：广播、通告、应急方案。

2. 消除隐患

（1）及时清理地面积水、液体、泥泞或其他污渍。

（2）遇雨雪天气时，及时铺设防滑用品及清扫出入口外积雪。

（3）避免在湿滑砖面和金属踏板上撒上沙粒。

（4）当隐患不能彻底消除时，设置适当的防护警示标志。

（5）在接触轨停电后，方可允许进入轨道区域，除非车站员工获授权处理紧急事宜，但必须穿好绝缘鞋，做好自身防护。

3. 乘客管理

（1）防止儿童在车站范围内嬉戏。

（2）防止乘客携带任何危险品、攻击性物品或有害物品进入地铁范围。

（3）防止乘客运送可能会导致意外、滋扰其他乘客或损坏车站设备设施的物品。

（4）要求携带笨重物品或行李以及使用轮椅的乘客使用垂直电梯，切勿使用扶手电梯，以免发生危险。

4. 电扶梯及自动人行道

有关员工在停止电扶梯或自动人行道前，必须确保梯级和踏板上均没有人，紧急情况除外。

5. 站台

（1）维持站台舒适安全的候车环境。

（2）在特殊情况下协助列车进行事件处理。

（3）确保站台设备正常，发生故障及时报修。

（4）对任何非正常的情况保持警觉，如突发事件、安全门故障等。

（5）确保岗位上无代人存放物品。

（6）提供适当协助，确保列车按运行时刻表时间离站。

（7）在车门和屏蔽门即将关上时，劝阻乘客切勿抢上，冲击安全门。

（8）提高警惕，留意发生任何事故或异常情况：特别注意，站台边缘或列车附近是否存在任何隐患，例如乘客扒屏蔽门，或在站台边缘或站台安全门上或附近摆放物品；留意车门、屏蔽门的关闭情况，特别注意是否有乘客可能被门夹住；一旦出现异常情况，及时按动紧急停车按钮。

车站运作的发展趋势——智慧车站自动化运行场景

智慧车站以实现车站自动运行为目标，采用智能化、信息化等手段实现车站与各系统及设备之间的联动，打造全新的车站自动运行场景，实现基于业务场景的自动控制和预案联动。智慧车站运营管理场景的业务内容可划分为运营前、运营中和运营后三个阶段，对应运营前的开站准备和运营开站、运营中的高峰管理和平峰管理、运营后的关站和施工监护等场景，如图1-2-5所示。当满足场景触发条件时，智慧车站会自动启用相关的运营场景，实现车站各类设备的自动化控制，并为站务人员提供相关的处置意见和建议，提高车站运营的自动化、智能化程度。

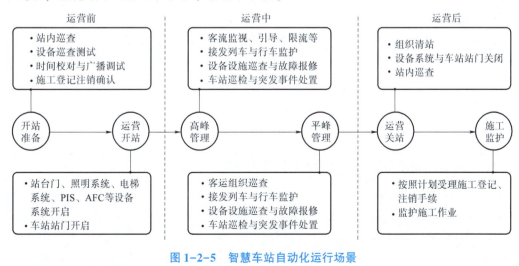

图1-2-5　智慧车站自动化运行场景

🔩【素质素养养成】

（1）在思考城市轨道交通车站各岗位作业标准时，一定要养成严格按照城市轨道交通车站岗位作业标准体系进行思考的意识，养成良好的职业道德素养。

（2）在思考城市轨道交通车站各岗位作业流程的过程中，既要考虑到客运企业需要最大限度地满足乘客的乘车需求，同时也要考虑客运企业所需的高额成本，养成良好的团队协作精神。

（3）在梳理城市轨道交通车站各岗位注意事项时，要树立正确的劳动观念。

🔩【任务分组】

学生任务分配表

班级		组号		指导教师	
组长		学号			
	姓名	学号		姓名	学号
组员					
任务分工					

🔩【自主探学】

任务工作单 1

组号：＿＿＿＿＿＿　　　**姓名：**＿＿＿＿＿＿　　　**学号：**＿＿＿＿＿＿　　　**检索号：1227-1**

引导问题：

（1）请描述城市轨道交通车站日常运作主要包括哪些方面的内容。

＿＿＿＿＿＿＿＿＿＿＿＿＿＿＿＿＿＿＿＿＿＿＿＿＿＿＿＿＿＿＿＿＿＿＿＿＿＿

＿＿＿＿＿＿＿＿＿＿＿＿＿＿＿＿＿＿＿＿＿＿＿＿＿＿＿＿＿＿＿＿＿＿＿＿＿＿

＿＿＿＿＿＿＿＿＿＿＿＿＿＿＿＿＿＿＿＿＿＿＿＿＿＿＿＿＿＿＿＿＿＿＿＿＿＿

＿＿＿＿＿＿＿＿＿＿＿＿＿＿＿＿＿＿＿＿＿＿＿＿＿＿＿＿＿＿＿＿＿＿＿＿＿＿

（2）请描述城市轨道交通车站站务员岗位作业流程。

＿＿＿＿＿＿＿＿＿＿＿＿＿＿＿＿＿＿＿＿＿＿＿＿＿＿＿＿＿＿＿＿＿＿＿＿＿＿

＿＿＿＿＿＿＿＿＿＿＿＿＿＿＿＿＿＿＿＿＿＿＿＿＿＿＿＿＿＿＿＿＿＿＿＿＿＿

＿＿＿＿＿＿＿＿＿＿＿＿＿＿＿＿＿＿＿＿＿＿＿＿＿＿＿＿＿＿＿＿＿＿＿＿＿＿

＿＿＿＿＿＿＿＿＿＿＿＿＿＿＿＿＿＿＿＿＿＿＿＿＿＿＿＿＿＿＿＿＿＿＿＿＿＿

＿＿＿＿＿＿＿＿＿＿＿＿＿＿＿＿＿＿＿＿＿＿＿＿＿＿＿＿＿＿＿＿＿＿＿＿＿＿

任务工作单 2

组号：_____ 姓名：_____ 学号：_____ 检索号：1227-2

引导问题：

（1）在车站开启前，值班站长必须确保哪些工作已经完成？

_____

_____

_____

（2）请总结站务员岗位作业流程，并列举相应的注意事项。

序号	站务员岗位作业流程	注意事项

【合作研学】

任务工作单

组号：_____ 姓名：_____ 学号：_____ 检索号：1228-1

引导问题：

（1）小组交流讨论，教师参与，形成正确的站务员岗位作业流程，以及正确的注意事项。

序号	站务员岗位作业流程	注意事项

（2）记录自己存在的不足。

_____

_____

_____

_____

【展示赏学】

任务工作单

组号：_____　　姓名：_____　　学号：_____　　检索号：1229-1

引导问题：

（1）每小组推荐一位小组长，汇报站务员岗位作业流程，借鉴每组经验，进一步优化注意事项。

序号	站务员岗位作业流程	注意事项

（2）检讨自己的不足。

_____

_____

_____

_____

【评价反馈】

模块二

城市轨道交通车站客运组织方案编制

模块说明

　　《城市轨道交通客运组织与服务管理办法》（交运规〔2019〕15号）中规定，运营单位应根据车站规模、客流特点、设施设备布局、岗位设置等，制定工作日、节假日、重要活动以及突发事件的车站客运组织方案与应急预案，换乘站还应制定共管换乘站协同客运组织方案与应急预案，做到"一站一方案"，并根据客流变化情况及时修订完善方案。

　　城市轨道交通车站客运组织方案编制在指导日常运营、优化客流管理、提升运输效率、保障乘客安全、适应城市发展需求以及提升服务质量等方面发挥着重要作用。城市轨道交通车站客运组织方案编制主要内容包括城市轨道交通客流分析和车站客运组织方案编制两方面。

教学建议

　　准备某一个或多个城市轨道交通车站的详细资料（建筑类型、设备设施及导向信息等）、车站相关图，利用多媒体教学设备或在理实一体化教室对车站客运组织方案编制进行理实一体化教学；对车站客运组织方案编制应先进行理论教学，再利用准备的案例模拟教学，有条件的可去现场进行参观教学。

模块内容

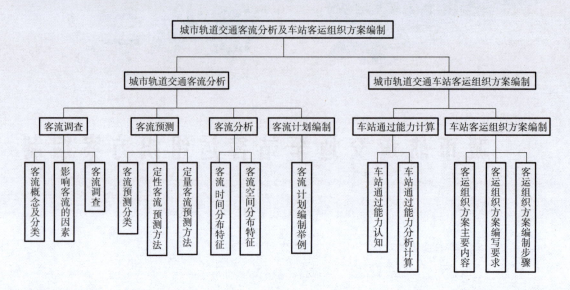

项目一 城市轨道交通客流分析

【项目描述】

轨道交通的发展引导着城市布局，改变着市民出行习惯，提升着城市现代化水平。针对客流量以及对客流有影响的因素进行分析研究，对客流预测和组织、加强客流管理、提升城市轨道交通客运管理水平、更好地为市民服务具有十分重要的意义。客流是动态变化的，对城市轨道交通运营客流调查数据进行统计分析，可以了解客流在时间、空间上的动态变化规律；同时，对既有线路的运营客流特征进行分析，也能为后续实施线路或者其他城市的规划路网提供参考数据，从而为其线网规模的控制、基建工程和设备采用与布置以及运输组织等诸多方面提供参考。

任务一 客流调查

【任务描述】

在轨道交通的运营过程中，为了掌握客流现状与变化规律，还必须经常进行各种形式的客流调查，因此客流调查是轨道交通日常运营活动的组成部分。根据表 2-1-1 客流调查资料完成断面客流计算，以及满载率计算。

表 2-1-1 某轨道交通客流资料

O/D	下车人数									
Ⅰ	Ⅰ	58	132	280	310	160				
Ⅱ		Ⅱ	62	200	367	201				
Ⅲ			Ⅲ	160	305	200				
Ⅳ				Ⅳ	330	260				
Ⅴ					Ⅴ	510				
Ⅵ						Ⅵ	上车人数	通过量	运力	满载率
	Ⅰ	Ⅱ	Ⅲ	Ⅳ	Ⅴ	Ⅵ	站名			

【学习目标】

1. 知识目标

（1）了解客流调查的种类；

（2）掌握客流调查方法。

2. 能力目标

（1）能够理解并分析客流调查统计指标；

（2）会进行车站日常客流量调查。

3. 素质目标

（1）具备良好的心理素质和自我调节能力，保持积极向上的心态；

（2）传承和弘扬中华优秀传统文化，增强文化自信，树立民族自豪感；

（3）具备团队协作精神，能够在团队中发挥积极作用。

【任务分析】

1. 重点

客流调查的种类。

2. 难点

客流调查的方法。

客流的概念及分类　　　　客流影响因素分析　　　　客流调查

【相关知识】

客流是规划轨道交通线网及线路走向，选择轨道交通制式及车辆类型，安排轨道交通项目建设顺序，设计车站规模和确定车站设备容量，进行项目经济评价的依据，也是轨道交通安排运力、编制列车开行计划、组织日常行车和分析运营效果的基础。

一、客流概念及分类

1. 客流的概念

客流是指在单位时间内，轨道交通线路上乘客流动人数和流动方向的总和。客流的概念既表明了乘客在空间上的位移及其数量，又强调了这种位移带有方向性和具有起讫位置。客流可以是预测客流，也可以是实际客流。

根据客流的时间分布特征，轨道交通客流可分为全日客流、全日分时客流和高峰小时客流。全日客流是指每日轨道交通线路输送的客流量。全日分时客流是指一天内轨道交通线路各小时输送的客流量。高峰小时客流一般指轨道交通线路早、晚高峰及节假日高峰小时内输送的客流。

根据客流的空间分布特征，轨道交通客流可分为断面客流和车站客流。断面客流是指通过轨道交通线路各区间的客流。车站客流是指在轨道交通车站上、下车和换乘的客流。

根据客流的来源，轨道交通客流可分为基本客流、转移客流和诱增客流。基本客流是指轨道交通线路既有客流加上按正常增长率增加的客流。转移客流是指由于轨道交通具有快速、准时、舒适等特点，原来经常由常规公交和自行车出行转移到经由轨道交通出行的这部分客流。诱增客流是指轨道交通线路投入运营后，促进沿线土地开发、住宅形成规模、商业活动繁荣所诱发的新增客流。

2. 客流的分类

1）断面客流量

断面客流量是指在单位时间内（一小时或全日），通过轨道交通线路某一地点的客流量。显然，通过某一断面的客流量就是通过该断面所在区间的客流量。断面客流量分为上行断面客流量和下行断面客流量，计算公式如下：

$$P_{i+1} = P_i - P_下 + P_上 \qquad\qquad (2-1-1)$$

式中：P_{i+1}——第 $i+1$ 个断面的客流量，人；

$\qquad P_i$——第 i 个断面的客流量，人；

$\qquad P_下$——在车站下车人数，人；

$\qquad P_上$——在车站上车人数，人。

2）最大断面客流量

在单位时间内，通过轨道交通线路各个断面的客流一般是不相等的，其中的峰值称为最大断面客流量。

3）高峰小时最大断面客流量

在以小时为时间单位计算断面客流量的情况下，全日分时最大断面客流量一般是不相等的，其中的峰值称为高峰小时最大断面客流量。轨道交通的高峰小时一般出现在早晨和傍晚，称为早高峰小时和晚高峰小时。高峰小时最大断面客流量是决策修建轨道交通类型，确定车辆形式、列车编组、行车密度、运用车配置数和站台长度等的基本依据。

4）车站客流量

车站客流量是指在轨道交通车站上下车和换乘的客流量，可细分为全日车站客流量、高峰小时车站客流量和超高峰期车站客流量。超高峰期是指在高峰小时内存在一个 15~20 min 的上、下车客流特别集中的时间段。车站高峰小时和超高峰期客流量决定了车站设计规模，是确定站台宽度、售检票设备数量、自动扶梯数量、楼梯与通道宽度、出入口数量等车站设备容量或能力的基本依据。

二、影响客流的因素

1. 轨道交通沿线土地利用情况

土地利用涉及城市各个区域的功能定位、地上建筑物的类型、地上社会经济活动类型等多个方面。轨道交通沿线土地利用情况与客流的关系是"源"与"流"的关系。沿线土地利用对轨道交通客流规模存在着举足轻重的影响，如果轨道交通线路行经的区域能将城市的主要居住区和商务区覆盖，那么其客流就有了基础的保障。在香港，大约 50% 的居民和约 55% 的职业岗位距离轨道交通车站约 10 min 的步行距离，强有力的客流支撑是轨道交通获得收益、成功运营的一个重要原因。

2. 城市布局发展模式

土地利用规划对城市布局发展模式有着重要影响，在城市由单中心布局发展到单中心加卫星城镇布局，又进一步发展到多中心布局的过程，通常伴随着客流的大幅增长。1997 年，上海轨道交通 1 号线火车站—莘庄段贯通运营，但 1997 年、1998 年的客流增长幅度并不大，主要原因是 1 号线锦江乐园至莘庄段沿线地区的房地产开发刚刚开始。到 2000 年以后，市民纷纷迁入新建成的住宅区，商业、餐饮业随之发展起来，1 号线客流才快速增长。2001 年的客流增长率达到 38.1%，远远高于 2000 年的客流增长率 0.5%。

3. 城市人口规模与出行率

城市中的出行量与人口规模、出行率存在密切的关系，因此，除了分析常住人口、暂住人口和流动人口的数量外，还应分析人口的年龄、职业、出行目的、居住区域等特征。根据出行调查资料，不同人群的出行率存在差异，一般规律是：常住人口中，中青年人群的出行率高于幼年与老年人群的出行率；上班、上学人群的出行率高于退休人群的出行率；市区人口的出行率高于郊区人口的出行率。暂住人口、流动人口中，旅游人群的出行率高于民工人群的出行率，流动人口的出行率高于常住人口的出行率。

4. 票价

票价是影响客流的重要因素，票价的变动会对沿线客流数量和运营公司的票务收入产生综合影响。票价与市民的消费能力与收入水平直接相关，轨道交通的客源主要来自中、低收入人群，而中、低收入人群对票价变动比较敏感，低收入、高票价的组合对客流的吸引量最为不利。当轨道交通票价支出占收入水平的比例较大时，选择轨道交通方式出行的客流量就会下降。

在收入水平一定的情况下，只有在轨道交通的性价比高于其他出行方式或替代服务的性价比时，轨道交通才具有吸引客流的优势。

5. 服务水平

随着市民收入水平的提高，可选择的出行方式也逐渐增多。城市轨道交通服务的安全性、舒适性、经济性、换乘便利性以及列车的运行间隔、运送速度、正点率等多项指标也逐渐成为市民选择出行方式时考虑的因素。城市轨道交通运营企业的服务水平已成为影响客流及潜在客运需求的关键因素。

6. 政府的交通运输政策

大城市确立以公共交通为主、个体交通为辅的交通运输政策，优先发展公共交通、大力发展轨道交通、控制私人汽车的发展，对引导市民出行利用公共交通与轨道交通具有重要意义。而要实现这一交通运输政策，首先要加快公共交通设施的建设，如提高轨道交通线网的密度、建成大型换乘枢纽等；其次要优化现有交通资源的利用，如完善轨道交通与常规公交、自行车、私人汽车的衔接换乘，减少与轨道交通线路走向重复的常规公交线路等。2001 年，上海因打浦路过江隧道能力饱和，取消了几条经隧道开往浦东的常规公交线路，为引导乘客乘坐轨道交通 2 号线过江，推出了在黄浦江两侧乘坐地铁 4 站以内，优惠票价为 1 元的调控措施，导致 2 号线客流大幅度增加。

7. 交通网的规模与布局

多层次的轨道交通线网、合理的线路布局及走向和功能完善的换乘枢纽对实现城市中心区域 45 min 交通圈、增大轨道交通对出行者的吸引力、提高轨道交通在公共交通中的运量分担比例有着重要的作用。

8. 私人交通工具的拥有量

在客运需求一定的情况下，利用私人交通工具出行越多，则通过公共交通出行的人数就越少。在发展个体交通还是发展公共交通的问题上，国外的经验教训值得借鉴。西方国家大城市过去曾对私人汽车的发展不加控制，结果在破坏城市生态环境的同时，出现了严重的道路拥挤和出行难问题，最后不得不又转向发展公共交通和轨道交通的道路上来。在出行的快捷、方便和舒适性方面，私人汽车出行无疑优于公共交通出行，但私人汽车的发展应考虑道路网能力是否适应，不能以降低大部分市民的快捷、方便和舒适程度为代价。对私人汽车的使用应通过经济杠杆进行适度控制，鼓励并创造条件让私人汽车使用者以停车—换乘方式进入城市中心区。

三、客流调查

客流调查涉及客流调查内容、地点和时间的确定，调查表格的设计，调查设备的选用和调查方式的选择，以及调查资料汇总整理、指标计算和结果分析等多方面问题。

1. 客流调查种类

为了达到不同的调查效果，客流调查有很多种类，具体介绍如下。

1）全面客流调查

全面客流调查是对全线客流的综合调查，通常也包含了乘客情况抽样调查。这种类型的客流调查时间长、工作量大，需要配备较多的调查人员。但通过调查及对调查资料进行整理和统计分析，能对客流现状及变化规律有一个全面清晰的了解。

全面客流调查有随车调查和站点调查两种调查方式。随车调查是在列车车门处对运营时间内所有上下车乘客进行写实调查；站点调查是在车站检票口对运营时间内所有进车站乘客进行写实调查。在上述两种调查方式中，轨道交通全面客流调查基本上是采用站点调查。

全面客流调查一般应连续进行两三天，在运营时间内，调查全线各站所有乘客的下车地点和票种情况，并将调查资料以 5 min 或 15 min 为间隔分组记录下来。

2）乘客情况抽样调查

抽样调查是用样本来近似地代替总体，这样做有利于减少客流调查的人力、物力和时间。乘客情况抽样调查通常采用问卷方式进行；调查内容主要包括乘客构成情况和乘客乘车情况两方面。

乘客构成情况调查一般在车站进行，调查内容包括年龄、性别、职业、家庭住址和出行目的等。该项调查的时间可选择在客流比较正常的运营时间段。

乘客乘车情况调查的安排视调查对象及调查内容的不同而不同。调查内容除年龄、性别和职业以外，还可包括家庭住址和家庭收入、日均乘车次数、上车站和下车站、到达车站的方式和所需时间、下车后到达目的地的方式和所需时间、乘坐轨道交通列车后节省的出行时间以及对现行票价的认同度等。

进行抽样调查，必须首先确定抽样方法与抽样数，以确保抽样调查的结果具有实用意义。抽样方法主要有简单随机抽样、分层抽样、整群抽样和多阶段抽样等。抽样数的大小取决于总体的大小、总体的异质性程度以及调查的精度要求。

3）断面客流调查

断面客流调查是一种经常性的客流抽样调查，根据需要，可选择一个或几个断面进行调查，一般是对最大客流断面进行调查，调查人员用直接观察法调查车内的乘客人数。

4）节假日客流调查

节假日客流调查是一种专题性客流调查，重点对春节、元旦、国庆节、双休日和若干民间节日期间的客流进行调查。调查的内容包括机关、学校、企业等单位的休假安排，城市旅游业、娱乐业的发展程度，市民生活方式的变化等。该项调查一般是通过问卷方式进行。

5）突发客流调查

突发客流调查针对大型集散场所和大型事件活动产生的短时较大客流的地点，如影剧院、体院场馆等，该项调查主要涉及影剧院、体育场馆的规模与附近轨道交通车站的客流影响程度和持续时间之间的相关关系。

2. 客流调查统计指标

客流调查结束后，对客流调查资料应认真汇总整理，列成表格或绘成图表，计算各项指标，并将它们与设计（预测）数据或历年调查数据进行比较，分析数据增减的比例及原因。轨道交通全面客流调查后应计算的主要指标如下。

1）乘客人数

包括分时与全日各站上下车人数、分时与全日各站换乘人数、各站全线高峰小时乘客人数、各站与全线全日乘客人数、高峰小时乘客人数及它们分别占全日乘客人数的比例。

2）断面客流量

包括分时与全日各断面客流量，分时与全日最大断面客流量，高峰小时最大断面客流量。

3）乘坐站数与平均乘距

包括本线乘客乘坐不同站数的人数及所占百分比、跨线乘客乘坐不同站数的人数及所占百分比、平均乘车距离。

4）乘客构成

包括全线持不同票种乘客人数及所占百分比，车站分别按年龄、家庭住址和出行目的等统计的乘客人数及所占百分比，车站三次吸引乘客人数及所占百分比，从不同距离、以三种方式到达车站的乘客人数及所占百分比，需不同时间、以三种方式到达车站的乘客人数及所占百分比。

5）乘客乘车情况

包括乘客乘车情况包括年龄、性别、职业、家庭地址、到达车站的方式（步行、骑车、乘公交车等）和时间，上、下车站及换乘站，乘坐轨道交通比其他常规公共交通方式所节省的时间等。

6）车辆运用情况

包括客车公里、客位公里、乘客密度、客车满载率和断面满载率。

（1）客车公里。客车公里＝客运列车数×列车编组数×列车运行距离

（2）客位公里。客位公里＝客运公里×车辆定员

（3）乘客密度（人/车）。

$$乘客密度 = \frac{客运量 \times 平均运距}{客车公里}$$

（4）客车满载率。

$$客车满载率 = \frac{乘客密度}{车辆定员} \times 100\% \quad 或 \quad 客车满载率 = \frac{客运量 \times 平均运距}{客位公里} \times 100\%$$

（5）断面满载率。

$$断面满载率 = \frac{单向最大断面客流量}{客运列车数 \times 列车编组数 \times 车辆定员} \times 100\%$$

小贴士

客流调查新技术

1. 热敏传感技术

热敏传感技术的客流统计系统通过集成光学、传感器、信号处理逻辑及电子控制技术，把传感器下方人流的热气通过锗透镜转为红外辐射，实现对传感器覆盖区域的热敏检测；同时通过设置进、出基准路线来捕捉乘客的行走路径，实现对乘客在热敏传感器部署区域内的换入和换出的分类统计。该项技术适用于车站内通道的双向客流检测，尤其是对换乘客流的检测。

2. 智能视频分析技术

智能视频分析技术源自计算机视觉技术和人工智能技术，其发展目标是在图像与事件描述之间建立一种映射关系，使计算机从纷繁的视频图像中定位、识别和跟踪关键目标物体，并实时分析和判断目标的行为。智能视频分析技术能够实现客流的实时采集，可以对每个客流个体的运动轨迹进行精确检测和跟踪，实现对大范围区域的覆盖和数据采集，并通过数据统计和分析，得到客流量、客流密度等轨道交通管理人员需要的各类数据指标。

3. Wi-Fi 信令技术

Wi-Fi 信令技术的基本原理是利用无线局域网（WLAN）技术实现 Wi-Fi 定位，能够在无线网络接入的同时，实现接入设备的位置判别。该技术可获得乘客进出站客流统计、站内乘客换乘统计以及区域内乘客密集度统计。同时，Wi-Fi 技术的身份识别功能还适用于城市轨道交通 OD（Origin-Destination，出发地—目的地）客流分析，通过获取乘客接入工作站的空间位置和时间点，得到准确的 OD 客流分析。

4. 手机信令技术

手机信令技术中的数据定位原理是基于基站小区的模糊定位技术，通过移动运营商的手机信令采集系统，采集匿名手机用户发生信令事件时的位置信息，包括收发短信、主被叫、基站切换，以及位置更新等数据，其能够较为全面地反映出行者的连续出行轨迹。在城市轨道交通客流调查方面，手机信令技术能够识别乘客的换乘路径和换乘车站，以及区域线路的进出站客流。同时，还能通过识别手机用户的出行时耗、出行距离及出行次数，分析乘客的出行需求（如出行需求主要集中在什么时间段以及在哪些区域之间等）。通过对站点、线路一定范围内的手机用户密度进行统计及分析，可以得到站点和线路的服务范围。

5. 车辆称重技术

车辆称重技术的原理是通过测量车辆载客的总质量，来估算车辆载客人数。通过加装相应的压力传感器，能够较为直观和便捷地测算出车厢的载客人数。该项技术适用于断面客流统计，相比现行的 AFC 技术，不需要根据进出站客流数据、换乘客流数据等进行计算，能够实时地获取车辆载客数量的变化情况。如杭州地铁 5 号线，采用车辆称重技术，在乘客信息系统显示屏上显示出各车厢拥挤程度，如图 2-1-1 所示。

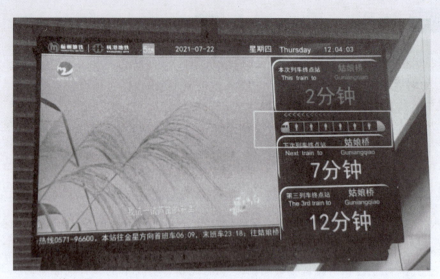

图 2-1-1　各车厢拥挤程度

【素质素养养成】

（1）在思考城市轨道交通客流的概念时，一定要养成严格按照城市轨道交通客流的概念体系进行思考的意识，要保持良好的学习心态。

（2）在思考城市轨道交通客流调查的种类的过程中，既要考虑到客运企业需要最大限度地满足乘客的乘车需求，同时也要考虑客运企业所需的高额成本，要养成良好的团队协作精神。

（3）在梳理城市轨道交通客流调查的方法时，要传承和弘扬中华优秀传统文化，增强文化自信，树立民族自豪感。

【任务分组】

学生任务分配表

班级		组号		指导教师	
组长		学号			
组员	姓名	学号		姓名	学号
任务分工					

【自主探学】

任务工作单 1

组号：_____   姓名：_____   学号：_____   检索号：2117-1

引导问题：

（1）请说出城市轨道交通客流的概念和分类有哪些。

_____

_____

_____

（2）常见的城市轨道交通客流调查的种类有哪些？

_____

_____

_____

任务工作单 2

组号：_____   姓名：_____   学号：_____   检索号：2117-2

引导问题：

（1）如何理解并分析客流调查统计指标？

_____

_____

（2）如何分析客流调查的不同方法？

_____

_____

（3）如何进行车站日常客流量调查？

_____

_____

（4）请列举城市轨道交通客流调查种类，并列举相应的客流调查方法。

序号	客流调查种类	客流调查方法

【合作研学】

任务工作单

组号：_____　　姓名：_____　　学号：_____　　检索号：2118-1

引导问题：

（1）小组交流讨论，教师参与，形成正确的城市轨道交通客流调查种类，以及正确的客流调查方法。

序号	客流调查种类	客流调查方法

（2）记录自己存在的不足。

_____

_____

_____

_____

【展示赏学】

任务工作单

组号：_____　　姓名：_____　　学号：_____　　检索号：2119-1

引导问题：

（1）每小组推荐一位小组长，汇报城市轨道交通客流调查种类及调查方法，借鉴每组经验，进一步优化注意事项。

序号	客流调查种类	客流调查方法

（2）检讨自己的不足。

_____

_____

_____

_____

【评价反馈】

任务二　客流预测

【任务描述】

城市轨道交通客流预测按照其作用，分为规划建设期预测和运营期预测。运营期预测主要是短期预测，对次年、次月或节假日的客流量进行预测，运营期客流预测的方法分为定性预测和定量预测，根据某地铁车站 2023 年客流调查资料（表 2-1-2），试用移动平均法和一元线性回归分析法分别预测 2023 年 12 月和 2024 年 1—2 月的客流量。

表 2-1-2　某地铁车站 2023 年客流资料

月份	客运量/万人	月份	客运量/万人
1	38	7	46
2	45	8	55
3	35	9	45
4	49	10	65
5	70	11	64
6	43		

【学习目标】

1. 知识目标

（1）了解定性客流预测的常用方法；

（2）掌握定量客流预测的常用方法。

2. 能力目标

（1）能够理解各客流预测方法的优缺点；

（2）会根据客流特点选择合适的客流预测方法。

3. 素质目标

（1）具备批判性思维，善于独立思考，不盲目跟从；

（2）具备社会适应能力，提高在复杂社会环境中的应对能力；

（3）提高信息素养，能够正确、安全地使用信息。

【任务分析】

1. 重点

客流预测的常用方法。

集体意见法　　　　专家预测法　　　　移动平均法　　　　回归分析法

2. 难点

客流预测方法的优缺点。

【相关知识】

一、客流预测分类

客流预测可以分为短期预测（1~3年）、中期预测（5~10年）、长期预测（15年以上）。

客流预测的基础是大量的、丰富的情报资料，包括城市的经济与社会发展计划、城市发展规划、城市社会经济各种统计资料、城市轨道交通企业历年的客流资料、各种客流调查资料、现实的客流状况及各种客流理论的著作等。

二、定性客流预测方法

（一）集体意见法

集体意见法是把预测者的个人预测通过加权平均而汇集成集体预测的方法，是集中企业的管理人员和业务人员对市场情况及变化做出估计、判断，进而做出预测的方法。具体方法是：

（1）要求每一位预测者就客流预测结果的最高限、最低限和最可能的值加以判断，并对这三种情况出现的概率进行估计。例如，第 i 位预测者得出的预测结果如下：最高限为 F_{1i}，其出现的概率为 p_{1i}；最可能的值为 F_{2i}，其出现的概率为 p_{2i}；最低限为 F_{3i}，其出现的概率为 p_{3i}。

根据预测者对预测结果最高限、最可能值和最低限的估计以及对三种情况出现的概率的估计，计算每一位预测者的意见平均值 F_i，其计算公式为

$$F_i = \sum_{j=1}^{n} F_{ji} p_{ji} \qquad (2-1-2)$$

（2）根据每位预测者个人意见的重要程度 W_i，通过加权平均，得出集体的意见 F，计算公式为

$$F = \sum_{i=1}^{n} F_i W_i \qquad (2-1-3)$$

式中：n——预测者人数。

集体意见法的优点是占有的信息量大，大家可以互相启发，取长补短，弥补个人不足；缺点是容易受心理因素的影响，而屈服于多数人和权威的意见。

【案例2-1-1】某地铁车站计划增加站厅自动售检票设备数量，为对该项目进行可行性研究，需要对未来的日客流量进行预测。

预测采用集体意见法进行，其具体过程如下：

（1）明确问题。要求预测该站今后五年的日客流量。

（2）组织专家进行预测。请了 A、B、C 三位专家（管理或业务人员），要求三位专家对该站今后五年的最高、最可能和最低日客流量进行预测，并对这三种情况出现的概率进行估计。设专家的预测结果如表 2-1-3 所示。

（3）计算最终预测结果。首先要分别给三位专家的预测值赋一个权数，设 A、B、C 三位专家的预测值的权数分别为 0.4、0.3、0.3，则三位专家最终的集体意见为 12 200×0.4+10 000×0.3+11 700×0.3＝11 390（人／日），这就是最终的预测结果，如表 2-1-3 所示。

表 2-1-3　某站日客流量集体意见法预测结果

专家	预测值类别	预测值/(人·日⁻¹)	概率	专家意见平均值/(人·日⁻¹)
A	最高客流量	14 000	0.3	12 200
A	最可能客流量	12 000	0.5	12 200
A	最低客流量	10 000	0.2	12 200
B	最高客流量	12 000	0.2	10 000
B	最可能客流量	10 000	0.6	10 000
B	最低客流量	8 000	0.2	10 000
C	最高客流量	13 000	0.2	11 700
C	最可能客流量	12 000	0.4	11 700
C	最低客流量	10 000	0.3	11 700

（二）专家预测法

专家预测法也称德尔菲法，是 20 世纪 40 年代末由美国兰德公司设计的一种预测方法，这种方法的名称"德尔菲"是以古希腊预言神殿所在地历史名城德尔菲命名的。20 世纪 50 年代以后在西方盛行，是一种较为全面的定性预测方法，其结果较为客观、准确。

专家预测法的程序大致是：首先由企业主持预测的单位确定预测目标提纲，确定参加预测的专家，但这些专家不用到一起，由主持预测单位用邮寄的形式将预测提纲寄给各位专家，分别请专家对提出的问题进行预测；各位专家根据自己的经验和能力做出预测结果并用邮寄的形式寄回给主持预测单位；主持预测单位将各位专家的预测结果打印在一起，匿名，再分发给各位专家，各位专家根据自己和大家的意见，再一次做出预测结果。经过这样多次反复循环，最后得出比较一致的意见，就是所要预测问题的结果。

专家预测法的优点在于参加预测的专家互不见面，不受权威干扰，充分发表个人意见，弥补了集体意见法的不足，可以发表自己的意见而无损专家的威望，集思广益，较客观、准确地反映问题的全貌；缺点是所用时间太长，当有紧急问题时不宜采用此方法。

【案例 2-1-2】某地铁公司为提高行车密度，需要对该线路下一年度的日均客流量进行预测。

预测采用德尔菲法进行，具体过程如下：

（1）提出问题：用德尔菲法预测该段地铁线路的日均客流量。

（2）确定邀请专家：邀请了两位经济学家、四位研究人员、两位领导、两位业务管理人员、两位乘客代表。

（3）发放意见征询表，要求每位专家进行客流量的预测。

（4）意见汇总、整理、计算、分析，经过三轮的意见反馈，得到客流量预测表，如表 2-1-4 所示。

表 2-1-4　某地铁线路日均客流量预测　　　　　　单位：万人

专家	第一轮意见	第二轮意见	第三轮意见
经济学家 A	20	16	15
经济学家 B	18	17	16
研究人员 A	25	20	16
研究人员 B	12	16	18
研究人员 C	16	15	16
研究人员 D	16	15	18
领导人员 A	18	18	17
领导人员 B	22	18	16
业务管理人员 A	13	16	18
业务管理人员 B	17	16	18
乘客代表 A	10	15	17
乘客代表 B	9	12	16
合计			201

（5）根据统计表，采用适当的计算方法得出预测结果。

方法一：用算术平均法计算。

客流量预测结果 = 201/12 = 16.75（万人）

方法二：用加权平均法计算。

给每一位专家的预测值赋以不同的权数：经济学家 A（0.2），经济学家 B（0.1）；研究人员 A（0.2），研究人员 B（0.1），研究人员 C（0.08），研究人员 D（0.08）；领导人员 A（0.05），领导人员 B（0.05）；业务管理人员 A（0.05），业务管理人员 B（0.05）；乘客代表 A（0.02），乘客代表 B（0.02）。

客流量预测结果 = 15×0.2+16×0.1+16×0.2+18×0.1+16×0.08+18×0.08+17×0.05+16×0.05+18×0.05+18×0.05+17×0.02+16×0.02 = 16.43（万人）

方法三：用中位数计算。

首先将 12 位专家的第三轮预测意见由小到大依次排列，从而得到以下数列：15，16，16，16，16，16，17，17，18，18，18，18，则中位数为第六个数和第七个数的平均数 = (16+17)/2 = 16.5（万人）。

三、定量客流预测方法

定量客流预测法是建立在统计资料的基础上，依据历史和现在的原始客流数据，并在假定这些数据所描述的趋势对未来适用的基础上，运用恰当的数学模型进行计算，据此预测市场未来变化的预测方法。它的特点是凭数据说话，借助数学、统计学等先进科学的方法和电子计算机等先进工具，具有科学性、严密性和一定的准确性。它的不足之处是只根据市场因素量的变化来寻找规律，无法分析错综复杂的非量化因素的影响，因此在准确的预测数字中蕴藏着一种局限性和近似性。

常用的定量客流预测方法有以下几种：

（一）简单算术平均法

简单算术平均法是将近期的客流数值按规定的期数进行平均所得的数值定为预测值。预测公式为

$$\bar{x} = \frac{x_1 + x_2 + \cdots + x_n}{n} = \frac{\sum_{i=1}^{n} x_i}{n} \tag{2-1-4}$$

式中：$\bar{x}$——第 $n+1$ 期预测值；

x_i——第 i 期实际数值（$i=1$，2，$\cdots$，n）；

n——数据期数。

这一方法的优点是计算简单，但由于把序列中的各数据同等看待，因而预测出的客流量与实际客流量往往会有较大的误差，因此它只适用于没有明显变化趋势的客流预测中。

（二）加权平均法

加权平均法是把过去客流量数值，由远及近、由小到大给予不同的权数，如表 2-1-5 所示，然后用相应的数值与权数乘积之和除以各权数的和，求出预测客流值。

表 2-1-5　实际值及权数

期数	1	2	3	$\cdots$	n
实际值	a_1	a_2	a_3	$\cdots$	a_n
权数	p_1	p_2	p_3	$\cdots$	p_n

第 $n+1$ 期预测值 t_{n+1} 为

$$t_{n+1} = \frac{a_1 p_1 + a_2 p_2 + \cdots + a_n p_n}{p_1 + p_2 + p_3 + p_4 + p_5} \tag{2-1-5}$$

该方法可以反映近期客流量对预测客流量的影响。

（三）时间序列预测法

把客流的观察值按照时间先后顺序排列起来，构成的序列称为客流时间序列。通过时间序列分析客流过去的变化规律，并推断客流未来发展趋势，称为时间序列客流预测法。

时间序列客流预测法的原理是：客流的发展和变化一定和过去有着密切的联系，通过对过去时间序列的客流数据进行统计分析，就能够推测客流未来的发展趋势；同时，又考虑客流发展会因偶然因素影响而产生随机波动，因此，在对已有客流进行统计分析时，可用加权平均等方法加以适当的处理，进行客流趋势预测。时间序列法具有简单易行、便于掌握、能够充分利用原时间序列的客流数据的特点，主要适用于短期预测。

移动平均预测法是取预测客流最近一组实际值的平均值作为预测值的方法。所谓"平均"，是指求算术平均值。所谓"移动"，是指参与平均的实际客流值随预测期的推进而不断更新，且每次参与平均的实际客流值个数相同。

一次移动平均值的计算公式是

$$M'_t = \frac{1}{n} \sum_{i=1}^{n} X_{t-i+1} \tag{2-1-6}$$

式中：M_t'——第 t 期的一次移动平均值；

X_{t-i+1}——第 $t-i+1$ 期的实际值；

t——时序数；

n——移动平均值的跨越期数。

二次移动平均值的计算公式是

$$M_t'' = \frac{1}{n} \sum_{i=1}^{n} M_{t-i+1}' \qquad (2-1-7)$$

式中：M_t''——第 t 期的二次移动平均值。

二次移动平均预测模型为

$$\hat{y}_{t+T} = a_t + b_t T \qquad (2-1-8)$$

式中：$\hat{y}_{t+T}$——第 $t+T$ 期的预测值；

t——本期；

T——本期到预测期的间隔数；

a_t，b_t——模型参数或称平滑系数，其计算公式为

$$a_t = 2M_t' - M_t'' \qquad (2-1-9)$$

$$b_t = \frac{2}{n-1}(M_t' - M_t'') \qquad (2-1-10)$$

【案例 2-1-3】某车站 2016—2023 年的客流量实际值如表 2-1-6 所示，移动平均值的跨越期数取 3。

表 2-1-6　某站客运量实际值与预测值统计 万人

年份	客流量实际值 (X)	一次移动平均值 (M_t')	二次移动平均值 (M_t'')	a_t	b_t
2016	148.2				
2017	157.6				
2018	162.6	156.1			
2019	154.0	158.1			
2020	173.4	163.3	159.2	167.4	4.1
2021	164.2	163.9	161.8	166	2.1
2022	185.4	174.3	167.2	181.4	7.1
2023	215.0	188.2	175.5	200.9	12.7

用 2022 年的数据对该站 2023 年的客流量进行预测，T 为 1。

$$\hat{y}_{2022+1} = a_{2022} + b_{2022} \times 1 = 200.9 + 12.7 \times 1 = 213.6 \text{（万人）}$$

（四）回归分析预测法

回归分析预测法是在定性分析的基础上，根据实际的客流观测数据，通过数学计算，确定变量与变量之间相互依存的数量关系，建立数学模型，推算变量的未来值。在这里，我们主要介绍一元线性回归预测和多元线性回归预测。

一元线性回归预测法是通过分析预测客流数据和某一影响因素的数据之间的线性关系，建立一元线性模型进行预测的方法。

假设对于变量 X、Y 有一组统计数据 (x_i, y_i) $(i = 1, 2, \cdots, n)$，利用直角坐标系作出这组数据的散点图，如图 2-1-2 所示。

散点图直观地表达了这两个变量 X 与 Y 之间的关系，可以看出，所有的散点是围绕图中一条直线分布的，因而可以认为变量 X 与 Y 之间存在着近似直线关系，这条直线称为一元线性回归方程，表示为

$$\hat{y} = a + bx \qquad (2\text{-}1\text{-}11)$$

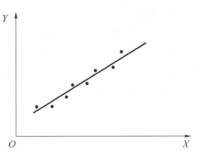

图 2-1-2　一元线性回归散点图

式中：a，b——回归系数，它可以用最小二乘法求出，这里不作推导，只给出公式：

$$a = \frac{\sum y_i - b \sum x_i}{n} \qquad (2\text{-}1\text{-}12)$$

$$b = \frac{n \sum x_i y_i - \sum x_i \sum y_i}{n \sum x_i^2 - \left(\sum x_i\right)^2} \qquad (2\text{-}1\text{-}13)$$

式中：n——数据个数。

【案例 2-1-4】某市 2018—2022 年工农业年总产值与该市城市轨道交通客流量数据统计如表 2-1-7 所示，如果 2023 年该市的工农业总产值预计为 358 亿元，那么该市城市轨道交通 2023 年客流量为多少？

表 2-1-7　某市工农业总产值与城市轨道交通客流量统计

年份	产值 x_i/亿元	市内客运量 y_i/万人	$x_i y_i$	x_i^2
2018	100	55	5 500	10 000
2019	90	60	5 400	8 100
2020	130	62	8 060	16 900
2021	140	75	10 500	19 600
2022	160	100	16 000	25 600
Σ	620	352	45 460	80 200

解：

$$a = \frac{352 - 0.55 \times 620}{5} \approx 2.2$$

$$b = \frac{5 \times 45\,460 - 620 \times 352}{5 \times 80\,200 - 620^2} \approx 0.55$$

回归方程为

$$\hat{y} = 2.2 + 0.55x$$

当 $x = 358$ 时，2023 年该城市轨道交通客流量预测值为

$$\hat{y} = 2.2 + 0.55 \times 358 \approx 199 \text{（万人）}$$

注：对于这种方法的使用有一个前提，就是两个量一定有相关关系，如果没有相关关系而使用此方法，则得出的结论是不准确的。因此，在使用该方法前，应对两个变量的相关关

系进行检验。

一元线性回归法在时间序列分析时，可以有简化形式，当自变量 x 代表统计数据的时间时，为了简化 a、b 值的计算过程，可以转化 X 轴。当资料期数为奇数时，取中间一期的时间为 0，则其前面期数时间顺序为 "…，-3，-2，-1"，后面期数时间顺序为 "1，2，3，…"，距差为 1；当资料期数为偶数时，将中间两期分别取作 -1，1，则其前面期数为 "…，-5，-3，-1"，后面期数时间顺序为 "1，3，5，…"，距差为 2，这样能使 $\sum x_i = 0$。

则
$$a = \frac{\sum y_i}{n} \tag{2-1-14}$$

$$b = \frac{\sum x_i y_i}{\sum x_i^2} \tag{2-1-15}$$

【案例 2-1-5】 某地铁车站 2023 年 1—5 月的客流量如表 2-1-8 所示，预测该车站 2023 年 6 月客流量。

表 2-1-8　某车站 2023 年 1—5 月客流量统计

月份	时间序列编号 x_i	客运量 y_i /万人	$x_i y_i$	x_i^2
1	-2	38	-76	4
2	-1	41	-41	1
3	0	46	0	0
4	1	43	43	1
5	2	47	94	4
Σ	0	215	20	10

因资料期数为奇数，所以取 3 月的时间序列编号 x_i 为 0，这样

$$a = \frac{215}{5} = 43$$

$$b = \frac{20}{10} = 2$$

则回归方程为

$$\hat{y} = a + bx = 43 + 2x$$

6 月的时间序列编号为 3，即将 $x = 3$ 代入回归方程，则 6 月客流量的预测为

$$\hat{y} = a + bx = 43 + 2 \times 3 = 49 \text{（万人）}$$

一元线性回归分析法在计算上比较复杂，但由于建立了数学模型，因此预测值比较准确，不但能够进行中、短期预测，也能适应长期预测的需要，在实际工作中得到广泛应用。

小贴士

武汉地铁 NOCC 客流预测系统

为进一步提升客运服务水平，优化服务质量，改善乘客出行体验，武汉地铁以落实 "智慧地铁" 为发展目标，建设基于云平台的 NOCC 系统。本系统作为地铁线网的 "中枢神经" 和 "最强大脑"，负责武汉轨道交通统一调度、统一指挥的线网级综合管理，

负责对全线网列车运行、客运组织、车站运作、电力供应、防灾报警、信息收发等地铁运营全程进行监控和指挥。

客流预测系统（见图2-1-3）作为NOCC系统的重要组成部分，依托云平台、大数据、人工智能算法、模式识别等前沿技术创建，为线网运营中日常情况和应急情况的线网调度、行车组织、客运组织提供关键性的可参考决策依据。

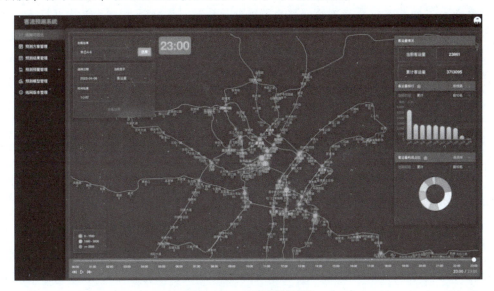

图 2-1-3 客流预测系统

本系统是由股份公司通号部负责实施，采用特征工程和人工智能技术构建预测模型，利用回归、分类、时间序列等算法结合海量历史客流数据进行训练；利用历史数据进行模型回测，评估其准确性，由特征工程实现相关性分析、参数优化等手段，迭代优化模型准确性，最终实现叠加多维特征标签对短时、短期、特殊情况下的全线网客流进行预测分析，有力支撑武汉地铁线网化智慧调度业务。

武汉地铁客流预测系统包括：实时客流预测（短时客流预测、突发事件客流预测）、短期客流预测（节假日、工作日、周六日、恶劣天气、大型活动），应对各类场景下对线网、线路、车站的进出站量等指标预测。

目前，股份公司通号部先后组织邀请多个业务部门开展了多轮"客流预测在武汉轨道交通领域的技术实现与业务应用"等方面的深入沟通和研讨，各方围绕如何提升客流预测准确性、各外部因素对客流预测准确性影响分析、如何将客流预测与日常运营工作相互补充相互结合、如何实现对未来客流规律和发展趋势的提前预判分析、如何发挥客流预测为线网智慧化运营提供辅助决策等细节展开深入交流，并取得了一定的成果。

NOCC客流预测系统以"2023年1月1—31日历史客流数据"为样本于2023年3月16日进行预测模型训练和特征值调参等技术工作，并提前预测2023年3月17—30日武汉地铁每日客运量（含换乘量）及客流量排名前五名车站，事后经多方验证得出初步结论：目前 NOCC 项目客流预测系统日平均预测准确率约为 93.47%，客流量排名前五名车站预测准确率也在不断提升。

对 2023 年 3 月 17—30 日的预测数据与实际数据进行比对分析后发现，预测准确率受外部因素影响较为明显，如温度、天气、节假日、周末出游、大学生返校、赏花季等；另外，历史样本数据与当前预测数据的时间跨度太大也会明显影响预测准确性。

NOCC 系统将继续严格依照《城市轨道交通线网运营指挥中心系统技术规范》继续开展各项建设工作，客流预测系统下一阶段重点工作将放在继续提升预测准确性，研究诸多外部因素对客流预测的影响，通过各类技术手段确保客流预测系统应对各类场景下的预测准确性，并积极与相关业务部门深入开展交流合作，改进系统实用性。

通过以上诸多前沿技术和措施，在持续接入实时客流数据进行预测模型训练后，完全有理由相信 NOCC 客流预测系统无论是在应对各类场景下的预测准确率或是系统实用性方面都将有更显著的提升，从而进一步推动 NOCC 客流预测系统朝着更高效、更友好、更实用的方向推进。

西安地铁"最强大脑"全面升级｜NCC 线网指挥中心投运　助力地铁安全发展

为加强地铁全线网安全运营管理，积极应对城市轨道交通加速成网带来的安全运营挑战，西安市轨道集团于 2019 年年底投运了西安地铁线网指挥中心（Network Command Center，NCC），如图 2-1-4 所示。经过半年的平稳运行与测试，这个西安地铁"最强大脑"升级版——线网指挥中心以强大的数据收集、监测、统计、计算、人工决策辅助等功能，为助力地铁安全发展持续提供科技支撑。

图 2-1-4　西安地铁线网指挥中心

西安地铁线网指挥中心，与控制中心对单条线路的运行控制模式不同，它可同时实现对地铁1、2、3、4、5、6、9号线全线网进行列车运行、客流变化、电力供应、车站设备运行、防灾报警、重大故障信息、环境监控、票务管理、乘客服务等地铁运营信息与指标的全程监控与调度指挥，是西安地铁全线网的行车协调指挥中心、客运组织管理中心、应急事件处置中心、数据处理中心、信息收发中心和运营策划中心。如遇突发情况，该系统不仅能结合历史地铁客流数据对客流情况进行预警，还可以根据后台保存的各类电子应急预案向调度人员提供相应的应急处置流程及决策辅助。

线网指挥中心正中央是一块由54块高清显示屏组成的"超大"综合显示屏，支持自定义编辑功能，可实时监控并显示地铁应急指挥、大客流、特殊天气等各类应用场景，以满足地铁日常监控、运营指挥的多样化工作需求。各专业调度人员可以通过各个系统的客户端，查看各线路行车、客流、设备的运行及服务情况。例如，在天气模式场景中，系统接入了气象网站，结合地理信息系统（GIS），帮助调度人员实时监测天气变化，及时做出预警。

其软件系统由"一个中心"和"五大平台"组成。"一个中心"即数据中心，"五大平台"即线网（应急）指挥平台、突发事件应急指挥系统、统计分析平台、线网辅助决策系统和线网信息服务平台。这套系统可实现对地铁行车、设备、能耗、服务等各类运营数据的计算与优化，并针对这些"大数据"开展深入统计与分析，最终精准输出"建议"，辅助人工决策。西安地铁客流监测预警系统即依托该线网指挥中心开发而来，可对未来15 min内全线网车站的客流情况进行预测和预警，并实现乘客在官方网站、手机移动端实时查看客流拥挤度的功能。

西安地铁线网指挥中心是西安市轨道集团积极践行"智慧地铁"发展目标，以"科技保安全，安全促发展"为工作思路推出的一项智能化集成调度系统。下一步，西安地铁将以"服务更智能，乘车更高效，运营更安全"为目标，持续优化和完善服务功能，使广大市民乘客的出行更安全、便捷。

【素质素养养成】

（1）在思考定性客流预测的常用方法时，一定要养成严格按照定性客流预测的常用方法体系进行思考的意识，要具备批判性思维，善于独立思考。

（2）在思考定量客流预测常用方法的过程中，既要考虑到客运企业需要最大限度地满足乘客的乘车需求，同时也要考虑客运企业所需的高额成本，要具备良好的团队协作精神。

（3）在分析客流预测方法的优缺点时，提高信息素养，能够正确、安全地使用信息。

🔱【任务分组】

学生任务分配表

班级			组号		指导教师	
组长			学号			
组员	姓名	学号		姓名		学号
任务分工						

🔱【自主探学】

任务工作单1

组号：_____　　**姓名：**_____　　**学号：**_____　　**检索号：**2127-1

引导问题：

（1）请说出城市轨道交通定性客流预测的常用方法有哪些。

_____

_____

_____

（2）常见的城市轨道交通定量客流预测的常用方法有哪些？

_____

_____

_____

任务工作单2

组号：_____　　**姓名：**_____　　**学号：**_____　　**检索号：**2127-2

引导问题：

（1）如何理解并分析定性客流预测的常用方法？

_____

_____

_____

（2）如何理解并分析定量客流预测的常用方法？

_____

_____

_____

_____

（3）如何分析客流预测方法的优缺点？

_____

_____

_____

_____

（4）请列举城市轨道交通客流预测方法，并列举相应的客流预测方法的优缺点。

序号	客流预测方法	客流预测方法优缺点

【合作研学】

任务工作单

组号：_____ 姓名：_____ 学号：_____ 检索号：2128-1

引导问题：

（1）小组交流讨论，教师参与，形成正确的城市轨道交通客流预测方法，以及正确的客流预测方法优缺点。

序号	客流预测方法	客流预测方法优缺点

（2）记录自己存在的不足。

_____

_____

_____

_____

【展示赏学】

任务工作单

组号：_____ 姓名：_____ 学号：_____ 检索号：2129-1

引导问题：

（1）每小组推荐一位小组长，汇报城市轨道交通客流预测方法，借鉴每组经验，进一步优化各客流预测方法优缺点。

序号	客流预测方法	客流预测方法优缺点

（2）检讨自己的不足。

_____

_____

_____

_____

【评价反馈】

任务三　客流分析

【任务描述】

城市轨道交通客流是动态的，它的分布与变化因时因地而不同，但这种不同归根结底是城市社会经济活动与生活方式以及轨道交通本身特征的反映，因此客流的分布与变化是有规律的。对客流的分布特征与动态变化进行实时跟踪和系统分析，掌握客流现状与变化规律，有助于经济、合理地进行线网规划、运力安排与设备配置，对做好日常行车组织与运营管理工作具有重要意义。根据某地铁 B 站工作日分时进、出站客流量统计表（表 2-1-9），计算 B 站分时客流不均衡系数，并分析车站在一日内分时客流不均衡程度较大时的组织措施。

表 2-1-9　某地铁 B 站工作日分时进、出站客流量统计

时间	客流量/人	时间	客流量/人	时间	客流量/人
5:00—6:00	300	12:00—13:00	700	19:00—20:00	1 350
6:00—7:00	600	13:00—14:00	720	20:00—21:00	1 000
7:00—8:00	1 500	14:00—15:00	850	21:00—22:00	900
8:00—9:00	1 400	15:00—16:00	960	22:00—23:00	700
9:00—10:00	1 200	16:00—17:00	1 000	23:00—24:00	450
10:00—11:00	900	17:00—18:00	1 300		
11:00—12:00	850	18:00—19:00	1 400		

【学习目标】

1. 知识目标

（1）理解客流时间分布特征；

（2）理解客流空间分布特征。

2. 能力目标

（1）能够理解客流在不同时间或空间的分布特征；

（2）会根据客流不同时间或空间分布特征分析客运组织措施。

3. 素质目标

（1）善于独立思考、勇于探索、积极实践；

（2）弘扬科学精神，对知识拥有敬畏之心，具备追求真理的勇气；

（3）增强自主学习能力，以适应不断变化的学习环境。

【任务分析】

1. 重点

客流不同时间或空间分布特征。

2. 难点

不同时间或空间客流分布下的客运组织措施。

客流时间分布特征　　　　客流空间分布特征　　　　高峰小时客流分布特征

【相关知识】

在城市轨道交通的运营实践中，客流分析的对象既可以是预测客流，也可以是实际客流，客流分析的重点是客流在时间与空间上的分布特征、动态变化规律以及客流与行车组织、客运组织能力配备的关系。

一、客流时间分布特征

1. 一日内小时客流分布特征

城市轨道交通一日内小时客流随人们的生活节奏和出行特点而变化，在一日内呈起伏波状图形。通常夜间客流量较少，早晨渐增，上班或上学时间达到高峰，午间稍减，至下班或放学时间又出现第二个高峰，进入晚间客流又逐渐减少。因此，轨道交通一日内小时客流通常是双峰型，这种规律在国内外的轨道交通线路上几乎是一样的，只是程度不同而已。

轨道交通线路分时客流不均衡程度的系数可按式（2-1-16）计算：

$$\alpha_1 = P_{\max} / \left(\sum P_t / H \right) \tag{2-1-16}$$

式中：α_1——单向分时客流不均衡系数；

$\qquad P_{\max}$——单向高峰小时最大断面客流量，人；

$\qquad P_t$——单向分时最大断面客流量，人；

$\qquad H$——全日营业小时数，个。

单向分时客流不均衡系数 α_1 大于 1。当 α_1 趋向于 1 时，表明分时客流分布比较均衡；α_1 越大，表明分时客流分布越不均衡，当 $\alpha_1 \geq 2$ 时，表明分时客流的不均衡程度比较大。位于市区范围内的地铁、轻轨线路的 α_1 值通常为 2 左右；而通过远郊区市域轨道交通线路的 α_1 值通常大于 3。

在一日内小时客流不均衡程度较大的情况下，为实现运营组织的经济合理性，可考虑采用小编组、高密度列车开行方案。小编组、高密度与大编组、低密度两种列车开行方案的分时列车运能不变，但在客流低谷时段，小编组、高密度方案具有以下优点：既能提高客车满载率，又不降低乘客服务水平。

2. 一周内全日客流分布特征

由于人们的工作与休息是以周为循环周期进行的，这种活动规律必然要反映到一周内全日客流的变化上来。在以通勤、通学客流为主的线路上，双休日的客流会有所减少；而在连接商业网点、旅游景点的轨道交通线路上，双休日的客流又往往会有所增加。与工作日的早、晚高峰出现时间比较，双休日早高峰出现时间往往推迟，而晚高峰出现时间又往往提前。另外，周一与节假日后的早高峰小时客流，周五与节假日前晚高峰小时客流，会比其他工作日的早、晚高峰小时客流大。

根据全日客流在一周内分布的不均衡和有规律的变化，轨道交通运营企业在一周内实行不同的全日行车计划和列车运行图，以适应不同的客运需求，提高运营的经济性。

3. 季节性或短期性客流变化

在一年内，客流还存在季节性的变化，如南方的梅雨季节，市民出行率降低，轨道交通的客流会随之减少；但在旅游旺季，城市中流动人口的增加又会使轨道交通线路的客流增加。对季节性的客流变化，可采用实施不同列车运行图的措施来缓和运输能力紧张的情况。短期性客流激增通常发生在举办重大活动或遇到天气骤然变化的时候。当客流在短期内增加幅度较大时，运营部门应及时执行大客流应急疏导方案，确保乘客安全、有序地乘车。

根据相关调查发现，季节性的轨道客流规律与节日特点密切相关，7—9月其与学生假期有关，10—12 月其与"十一"长假期、元旦节日活动强相关。

4. 车站高峰小时客流分布特征

车站高峰小时客流是确定车站设备容量或能力的基本依据。车站高峰小时客流分析，首先应确定进、出站高峰小时的出现时间，其次才是分析客流量的大小。此外，还应分析客流的发展趋势，随着轨道交通新线投入运营，既有轨道交通线路延伸，高峰小时进、出站客流会发生较大的变化。而车站吸引区内，住宅、商业和文化娱乐等方面的发展也会使高峰小时进、出站客流发生较大的变化。研究表明，轨道交通车站高峰小时客流具有以下特征：

（1）车站客流的进、出站高峰小时出现时间与断面客流的高峰小时出现时间通常不相同。

（2）各个车站客流的进、出站高峰小时出现时间通常不相同。

（3）同一车站客流的进、出站高峰小时出现时间通常不相同。

（4）同一车站工作日客流与双休日客流的进、出站高峰小时出现时间通常不相同。

（5）工作日高峰小时进、出站客流通常大于双休日高峰小时进、出站客流。

5. 车站超高峰期客流分布特征

为了避免超高峰内特别集中的客流影响乘客顺畅地进出车站，甚至影响列车的正常运行秩序，在确定车站设备容量或能力时有必要适当考虑车站客流在高峰小时内分布的不均衡性。车站超高峰期的客流强度可用超高峰小时系数来反映，它是单位时间内的超高峰期平均客流量与高峰小时平均客流量的比值。超高峰系数一般可取值为 1.1~1.4。对终点站、换乘站和客流较大的中间站通常取高限值，而其余车站则可取低限值。

二、客流空间分布特征

1. 各条线路客流分布特征

沿线土地利用状况的不同是各条线路客流不均衡的决定因素，而轨道交通线网与接运交通的现状也是各条线路客流不均衡的影响因素。各条线路客流的不均衡包括现状客流分布的不均衡和客流增长的不均衡两个方面，它们构成了整个轨道交通线网客流分布的不均衡。

2. 下行方向客流分布特征

轨道交通线路上下行方向的最大断面客流通常是不均衡的，在放射状的轨道交通线路上，早、晚高峰小时上下行方向的最大断面客流不均衡尤为明显。反映轨道交通线路上下行方向客流不均衡程度的系数可按式（2-1-17）计算：

$$\alpha_2 = \max\{P_{max}^{\perp}, P_{max}^{\top}\} / [(P_{max}^{\perp} + P_{max}^{\top})/2] \qquad (2\text{-}1\text{-}17)$$

式中：α_2——上下行方向客流不均衡系数；

　　　$P_{max}^{\perp}$——上行方向最大断面客流量，人；

　　　$P_{max}^{\top}$——下行方向最大断面客流量，人。

上下行方向客流不均衡系数 α_2 大于1。当 α_2 趋向于1时，表明上下行方向客流比较均衡；α_2 越大，表明上下行方向客流越不均衡，当 $\alpha_2 \geq 1.5$ 时，表明上下行方向客流的不均衡程度比较大。

例如，某地铁5号线早高峰线路不均衡系数为

$$\alpha_2 = \max\{P_{max}^{\perp}, P_{max}^{\top}\} / [(P_{max}^{\perp} + P_{max}^{\top})/2]$$
$$= \max\{16\,116, 15\,787\} / [(16\,116 + 15\,787)/2]$$
$$= 1.01$$

即早高峰上下行方向基本均衡。

在上下行方向的最大断面客流不均衡程度较大的情况下，直线线路上要做到经济合理地配备运力比较困难，无法避免断面客流较小方向因车辆满载率过低而引起的运能闲置；但在环形线路上可采用内、外线路安排不同运力的措施，避免断面客流较小方向的运能浪费。

3. 线路断面客流分布特征

在轨道交通线路上，由于各个车站乘降人数的不同，线路上各区间的断面客流通常各不相同，甚至相差悬殊。断面客流分布通常包括阶梯形与凸字形两种情形，前者是指线路上各区间的断面客流为一头大、一头小；后者是指线路上各区间的断面客流为中间大、两头小。反映轨道交通线路单向各个断面客流不均衡程度的系数可按式（2-1-18）计算：

$$\alpha_3 = \frac{P_{max}}{\sum P_i / n} \qquad (2-1-18)$$

式中：α_3——单向断面客流不均衡系数；

P_{max}——单向最大断面客流量，人；

n——单向全线断面数，个；

P_i——单向断面客流量，人。

单向断面客流不均衡系数 α_3 大于1。当 α_3 趋向于1时，表明断面客流比较均衡；α_3 越大，表明断面客流越不均衡，当 $\alpha_3 \geq 1.5$ 时，表明断面客流的不均衡程度比较大。

轨道线路客流空间分布特点一般呈现出中间大、两端小的"枣核"型特征。不同方向的断面客流特点也不完全相同。

在断面客流不均衡程度较大的情况下，为了运营的经济性，可考虑采用特殊交路列车开行方案。断面客流分布为阶梯形时，可采用大客流区段和小客流区段分别开行不同数量列车的衔接交路方案，或在大客流区段加开区段列车的混合交路方案；断面客流分布为凸字形时，可采用在大客流区段加开区段列车的混合交路方案。在列车密度较大的情况下，采用特殊列车交路与加道；区段列车对行车组织和折返设备都会提出新的要求，此时线路通过能力与间站折返能力足够，是采用特殊列车交路与加开区段列车措施的充分条件，因此必须进行能力适应性的验算。

4. 站间 OD 客流分布特征

为使轨道交通运营管理和运营调度能够更好地满足高峰、平峰需求特征，要对轨道交通客流出行 OD 进行分析。站间 OD 客流分析的重点是各个客流区段内和不同客流区段间的各站发、到客流分布特征。当轨道交通线路较长，并且各个客流区段的断面客流不均衡程度较大时，大客流区段通常位于市区段、小客流区段通常位于郊区段。站间 OD 客流分布特征可以用市区段内和郊区段内各站间发、到客流分别占全线各站总发、到客流的比例，以及在市区段与郊区段各站发、到客流占全线各站总发、到客流的比例来反映。

如果短途断面客流为阶梯形，可采用衔接交路、站站停车方案；如果断面客流为凸字形，可采用混合交路、站站停车方案；若长距离出行乘客占比较大及某些发、到站间的直达客流也较大，为避免大量乘客换乘，不宜采用衔接交路方案，而应考虑采用混合交路、部分列车跨多站停车方案。如果在非高峰时间，通勤、通学的长距离出行乘客比例明显下降，则可停开跨多站停车的列车。

5. 各个车站乘降客流分布特征

轨道交通各个车站的乘降人数不均衡，甚至相差悬殊的情况并不少见。在不少线路上，全站各站乘降量总和的大部分往往是集中在少数几个车站上。此外，车站乘降客流是动态变化的，新的居民住宅区形成规模、新的轨道交通线路建成通车、既有轨道交通线路延伸使一些车站由中间站变为换乘站或由终点站变成中间站、列车共线运营等都会使车站乘降量发生较大的变化和加剧不均衡或带来新的不均衡。

车站乘降人数的不均衡决定了各个车站的客运工作量、设备容量或能力的配置、客运作业人员的配备以及日常运营管理的重点。

6. 车站内客流分布特征

分析轨道交通车站内乘客流向及行程轨迹可知，车站内客流在空间分布上也存在不均衡现象，包括经由不同出入口的客流不均衡、通过不同收费区的客流不均衡、通过同一收费区不同检票机的客流不均衡和上下行方向的乘降客流不均衡等。

进一步分析可以发现，通过各台进站检票机客流按距离售票区域的近远而呈现明显的阶梯状递减态势，而通过各台出站检票机客流则相对均匀。究其原因，进站客流是陆续到达，乘客为争取时间通常会选择最近的进站检票机；而出站客流是集中到达，乘客为避免排队通常会选择比较空闲的出站检票机。

> **小贴士**
>
> ## 客流动态示意图
>
> ### 一、方向上的客流动态
>
> 城市轨道交通线路上都有上下行两个方向。两个方向的客流量在同一时间分组内是不相等的，有的线路双向的客流量几乎等，有的线路则相差很大。由于方向上的客流动态不同，可计算出两个数值，其动态类型也可分为两种：一是双向型，二是单向型。
>
> #### 1. 双向型
>
> 双向型线路上下行的运量数值接近相等，市区线路属于双向型的较多，如图 2-1-5 所示。这种线路在列车调度组织上比较容易，同时车辆的利用率比较高。
>
> 上行
>
>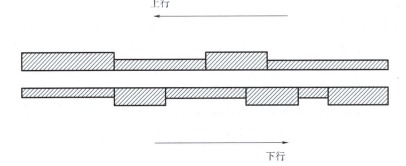
>
> 下行
>
> **图 2-1-5 双向型线路客流示意图**
>
> #### 2. 单向型
>
> 单向型线路上下行的运量数值差异很大，特别是通向郊区或工业区的线路，很多是属于单向型的，如图 2-1-6 所示。这样的线路上下行列车开行比较复杂，车辆的有效利用率较双向型线路低。

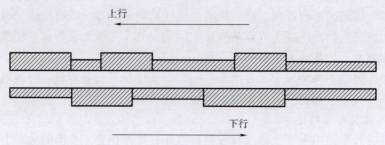

图 2-1-6　单向型线路客流示意图

研究方向上的客流动态，可以为确定相应的列车开行方案、合理地组织车辆运行提供依据。

二、断面上的客流动态

线路上各停车站的上下车人数是不相等的，因此车辆通过各断面时的通过量也是不相等的，若把一条线路各断面上的通过量的数值按上行或下行各断面的前后次序排成一个数列，这个数列就能显示断面上的客流动态。从这些数量关系中可以看出客流在不同时间内在断面上的分布特点与演变规律。客流在线路各断面上的动态分布是有一定特点的，但从整条线路归纳起来，大致有以下几种主要类型。

1. "凸"型

各断面的通过量以中间几个断面数值为最高，断面上的客流量呈凸出形状，如图 2-1-7 所示。

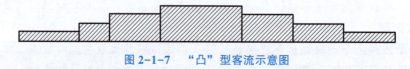

图 2-1-7　"凸"型客流示意图

2. "平"型

各断面的通过量很接近，客流强度几乎在一个水平，如图 2-1-8 所示。有些线路在接近起、终点站前的 1~2 站断面通过量较低，但其余断面的通过量很接近，也属于此类型。

图 2-1-8　"平"型客流示意图

3. "斜"型

线路上每个断面的通过量由小至大逐渐递增，或者由大至小逐渐递减，如图 2-1-9 所示。在断面上显现梯形分布，整体构成"斜"型。

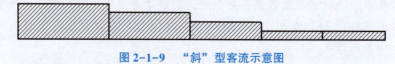

图 2-1-9　"斜"型客流示意图

4. "凹"型

与"凸"型断面的通过量动态特点正好相反，中间几个断面的通过量低于接近两端断面的通过量，全线路断面的通过量分布呈"凹"型，如图 2-1-10 所示。

图 2-1-10 "凹"型客流示意图

5. 不规则型

线路上各断面的通过量分布高低不能明显地表示为某种类似的形状。

总之，分析断面上的客流动态，可以为经济合理地编制行车时刻表及选择调度措施提供重要依据。

【素质素养养成】

（1）在思考客流时间分布特征时，一定要养成严格按照客流时间分布特征体系进行思考的意识，具备批判性思维，善于独立思考。

（2）在思考客流空间分布特征的过程中，既要考虑到客运企业需要最大限度地满足乘客的乘车需求，同时也要考虑客运企业所需的高额成本，具备良好的团队协作精神。

（3）在分析客流不同时间或空间分布下客运组织措施时，提高信息素养，能够正确、安全地使用信息。

【任务分组】

学生任务分配表

班级			组号		指导教师	
组长			学号			
组员	姓名		学号	姓名		学号
任务分工						

【自主探学】

任务工作单 1

组号：_____　　姓名：_____　　学号：_____　　检索号：2137-1

引导问题：

（1）请说出城市轨道交通不同时间范围的客流分布特征。

_____

_____

_____

（2）请说出城市轨道交通不同空间范围的客流分布特征。

_____

_____

_____

_____

任务工作单 2

组号：_____　　姓名：_____　　学号：_____　　检索号：2137-2

引导问题：

（1）如何理解并分析不同时间范围的客流分布特征？

_____

_____

（2）如何理解并分析不同空间范围的客流分布特征？

_____

_____

（3）如何分析客流不同时间或空间分布下的客运组织措施？

_____

_____

（4）请列举城市轨道交通客流在不同时间或空间下的分布特征，并列举相应的客运组织措施。

序号	客流在不同时间或空间下的分布特征	客运组织措施

【合作研学】

任务工作单1

组号：_____　　　姓名：_____　　　学号：_____　　　检索号：2138-1

引导问题：

（1）小组交流讨论，教师参与，形成正确的客流在不同时间或空间下的分布特征，以及正确的客运组织措施。

序号	客流在不同时间或空间下的分布特征	客运组织措施

（2）记录自己存在的不足。

_____

_____

_____

【展示赏学】

任务工作单

组号：_____　　　姓名：_____　　　学号：_____　　　检索号：2139-1

引导问题：

（1）每小组推荐一位小组长，汇报城市轨道交通客流在不同时间或空间下的分布特征，借鉴每组经验，进一步优化客运组织措施。

序号	客流在不同时间或空间下的分布特征	客运组织措施

（2）检讨自己的不足。

_____

_____

_____

【评价反馈】

任务四　客流计划编制

【任务描述】

客流计划是全日行车计划、车辆配备计划和列车交路计划编制的基础。在新线投入运营的情况下，客流计划根据客流预测资料进行编制；在既有运营线路的情况下，客流计划根据客流统计资料和客流调查资料进行编制。表 2-1-10 是一条有 8 座车站线路的站间 OD 矩阵，8 座车站分别用 A、B、C、D、E、F、G、H 表示，其中从 A 到 H 的方向为下行方向。试进行客流计划编制。

表 2-1-10　站间到发客流量斜表

O＼D	A	B	C	D	E	F	G	H
A	—	2 341	2 033	2 518	1 626	2 104	3 245	4 232
B	2 314	—	575	1 540	1 320	2 282	2 603	3 112
C	1 887	524	—	187	281	761	959	1 587
D	2 575	1 376	199	—	153	665	940	1 638
E	1 556	1 253	322	158	—	143	426	1 040
F	3 100	2 337	662	691	162	—	280	1 895
G	4 191	3 109	816	956	448	388	—	711
H	3 560	2 918	1 569	1 728	967	1 752	671	—

【学习目标】

1. 知识目标

（1）了解客流计划的作用及内容；

（2）会利用客流资料编制客流计划。

2. 能力目标

（1）能够理解客流计划的作用及内容；

（2）会根据不同的客流资料编制客流计划。

3. 素质目标

（1）能够独立思考、勇于探索、积极实践；

（2）弘扬科学精神，具备对知识的敬畏之心和追求真理的勇气；

（3）增强自主学习能力，以适应不断变化的学习环境。

【任务分析】

1. 重点

客流计划的作用及内容。

客流计划编制

2. 难点

客流计划的编制。

【相关知识】

客流计划的主要内容包括站间到发客流量，各站方向分别上下车人数，全日、高峰小时和低谷小时的断面客流量，全日分时最大断面客流量等。站间客流资料可用一个二维矩阵来表示，也可称为站间交换量 OD 矩阵。

客流计划以站间到发客流量资料作为编制基础，分步计算出各站上下车人数和断面客流量数据。表 2-1-11 是一条有 5 座车站线路的站间 OD 矩阵，5 座车站分别用 A、B、C、D、E 表示，其中从 A 到 E 的方向为下行方向。

表 2-1-11　站间到发客流量斜表　　　　　　　　　　　　　　　　　　人

O \ D	A	B	C	D	E	合计
A	—	3 260	22 000	1 980	1 950	29 190
B	2 100	—	21 900	2 330	6 530	32 860
C	5 800	4 900	—	3 220	4 600	18 520
D	5 420	4 100	3 200	—	4 390	17 110
E	1 200	4 320	7 860	3 420	—	16 800
合计	14 520	16 580	54 960	10 950	17 470	114 480

根据站间到发量客流数据可以计算出各站的上下车人数，如表 2-1-12 所示。根据各站的上下车人数按有关公式又可计算出断面客流量数据，如表 2-1-13 所示。根据表 2-1-13 资料可绘制断面客流图。

表 2-1-12　各站上下车人数　　　　　　　　　　　　　　　　　　人

下行上客数	下行下客数	车站	上行上客数	上行下客数
29 190	0	A	0	14 520
30 760	3 260	B	2 100	13 320
7 820	43 900	C	10 700	11 060
4 390	7 530	D	12 720	3 420
0	17 470	E	16 800	0

表 2-1-13　各区间断面客流量　　　　　　　　　　　　　　　　　　人

下行	区间	上行
29 190	A—B	14 520
56 690	B—C	25 740

续表

下行	区间	上行
20 610	C—D	26 100
17 470	D—E	16 800

断面客流量 P 的计算如下：

$$P_{i+1}=P_i-P_x+P_s \qquad (2-1-19)$$

式中：P_{i+1}——第 $i+1$ 个断面客流量，人；

P_i——第 i 个断面客流量，人；

P_x——在车站下车人数，人；

P_s——在车站上车人数，人。

在客流计划的编制过程中，高峰小时断面客流量可根据高峰小时站间到发客流数据来计算，也可通过全日站间到发客流量数据来估算。在用全日站间到发客流数据计算时，在求出全日断面客流量数据后，高峰小时的断面客流量按其占全日断面客流量的一定比例来估算，比例系数的取值可通过客流调查来确定。全日分时最大断面客流量，可在求出高峰小时断面客流量的基础上，根据全日客流分布模拟图来确定。

【素质素养养成】

（1）在思考客流计划的内容时，一定要养成严格按照客流计划的内容体系进行思考的意识，要具备批判性思维，鼓励独立思考。

（2）在思考客流计划编制的过程中，既要考虑到客运企业需要最大限度地满足乘客的乘车需求，同时也要考虑客运企业所需的高额成本，要具备良好的团队协作精神。

（3）在分析客流计划的具体编制步骤时，提高信息素养，能够正确、安全地使用信息。

【任务分组】

学生任务分配表

班级		组号		指导教师	
组长		学号			
	姓名	学号		姓名	学号
组员					
任务分工					

【自主探学】

任务工作单1

组号：_____　　姓名：_____　　学号：_____　　　检索号：2147-1

引导问题：

（1）请说出城市轨道交通客流计划的作用。

_____

_____

_____

_____

（2）请说出城市轨道交通客流计划的内容。

_____

_____

_____

_____

任务工作单2

组号：_____　　姓名：_____　　学号：_____　　　检索号：2147-2

引导问题：

（1）如何理解并分析编制客流计划中的上下车人数？

_____

_____

_____

（2）如何理解并分析编制客流计划中的断面客流量？

_____

_____

_____

（3）如何理解并分析编制客流计划中的断面客流图？

_____

_____

_____

（4）请列举城市轨道交通客流计划的具体编制步骤，并总结每个步骤的确定方法。

序号	客流计划的具体编制步骤	计算/绘制方法

【合作研学】

任务工作单

组号：_____　　姓名：_____　　学号：_____　　检索号：2148-1

引导问题：

（1）小组交流讨论，教师参与，形成正确的客流计划的具体编制步骤，以及正确的各断面客流量计算方法。

序号	客流计划的具体编制步骤	计算/绘制方法

（2）记录自己存在的不足。

_____

_____

_____

【展示赏学】

任务工作单

组号：_____　　姓名：_____　　学号：_____　　检索号：2149-1

引导问题：

（1）每小组推荐一位小组长，汇报城市轨道交通客流计划的具体编制步骤，借鉴每组经验，进一步优化各断面客流量计算方法。

序号	客流计划的具体编制步骤	计算/绘制方法

（2）检讨自己的不足。

_____

_____

_____

【评价反馈】

项目二　城市轨道交通车站客运组织方案编制

【项目描述】

　　车站客运组织方案的制定，需充分调研、深入分析本车站的基本情况、所处地理位置、客流吸引特征，进行客流实测及预测分析，对车站客运设备设施通过、容纳能力进行计算。该方案是车站客运组织工作的指导性方案，是车站客运部门及相关人员开展工作的主要依据之一。城市轨道交通车站客运组织方案编制首先要对车站通过能力和客流控制关键点的能力进行分析与计算，然后确定方案编制的主要内容和要点。

任务一　车站通过能力计算

【任务描述】

　　根据某地铁换乘站设施设备数据，站厅、站台、换乘通道数据（见表 2-2-1），分析计算车站通过能力、车站客流控制的关键点，确定客流控制触发点。

表 2-2-1　某地铁换乘站设施设备，站厅、站台、换乘通道数据

某地铁换乘站换乘方式呈"T"字形。东西走向为 5 号线站厅，南北走向为 4 号线站厅，站台分为上下两层，4 号线站台中部两侧楼梯可直达 5 号线站台，设计为单向换乘。车站共 6 个出入口。

1. 设施设备数据

设施设备	位置	数量
出入口能力 （按单向通行计）	A	1.63 m 楼梯+2 台扶梯
	B	3.57 m 楼梯
	C	2.4 m 楼梯+2.54 m 楼梯+4 台扶梯
	D	2 台 2.1 m 楼梯
	E	1.64 m 楼梯+2 台扶梯
	F	2 台扶梯
单程票发售能力	5 号线厅东	2 台
	5 号线厅西	6 台
	4 号线厅南	5 台
	4 号线厅北	5 台
安检能力	5 号线厅东	1 台
	5 号线厅西	1 台
	4 号线厅南	1 台
	4 号线厅北	1 台

续表

设施设备	位置	数量
进闸能力	5 号线厅西	8 台
	4 号线厅南	5 台
	4 号线厅北	4 台
出闸能力	5 号线厅东	8 台
	5 号线厅西	7 台
	4 号线厅南	5 台
	4 号线厅北	5 台
5 号线站厅至站台能力	5 号线厅东	1.56 m 楼梯+2 台扶梯
	5 号线厅西	1.56 m 楼梯+2 台扶梯
	5 号线厅中	1 台扶梯
4 号线站厅至站台能力	4 号线厅南	1.65 m 楼梯+2 台扶梯
	4 号线厅北	1.65 m 楼梯+2 台扶梯

2. 站台、站厅、换乘通道数据

站台区域	总面积/m²	无效面积/m²	有效面积/m²	站台容量/人
4 号线	1 604	499	1 105	2 210
5 号线	1 621	342	1 279	2 558

非付费区区域	非付费区面积/m²	非付费区使用率/%	非付费区容量/人
4 号线	780	70	273
5 号线	809	70	283

付费区区域	付费区面积/m²	付费区使用率/%	付费区容量/人
4 号线	764	70	267
5 号线	1 018	70	356

区域	换乘通道面积/m²	换乘通道使用率/%	换乘通道容量/人
换乘通道	282	70	99

【学习目标】

1. 知识目标

（1）掌握车站通过能力的含义；

（2）列举车站通过能力的影响因素；

（3）掌握车站通过能力的计算方法；

（4）掌握车站客流控制的关键点分析方法。

2. 能力目标

（1）能计算、分析车站通过能力；

（2）能计算、分析车站客流控制的关键点，确定客流控制触发点。

3. 素质目标

（1）具备实事求是、认真严谨的工作作风；

（2）具备良好的计算能力、分析能力；

（3）具备解决问题的能力。

【任务分析】

1. 重点

计算车站设备设施通过能力。

2. 难点

计算、分析车站客流控制的关键点。

车站通过能力认知　　　　车站通过能力计算　　　　车站客流控制关键点分析

【相关知识】

一、车站通过能力认知

1. 车站通过能力概念

车站通过能力是指车站在设施设备及线路运营条件确定的情况下，满足车站关键设施设备服务水平，基于行人交通特性及行为特性能稳定运行的车站所能承载的最大乘客数。其中，车站设施设备及线路运营条件确定的情况是指车站的建筑结构确定，车站设施设备的位置、数量以及运行方向确定，列车运行图确定的情况。设施设备数量、位置、方向的改变会影响行人的通过速率，从而影响车站通过能力。

城市轨道交通的设施设备分为通过型设施设备和容纳型设施设备，其中：

（1）通过型设施设备包括通道、楼梯、自动扶梯、闸机、进出站口设备、安检设备、售票设备等。

（2）容纳型设施设备包括站台、站厅。

车站通过能力是车站固有的承载能力，不随车站服务乘客的多少而改变，是车站建筑、物理设施设备和运营条件所能承载的最大数值，不随时间的变动而变动，即车站固有能力。

我国城市轨道交通车站设计采用车站设施设备最大通过能力作为依据，不考虑客流特性与安全等级。目前，车站通过能力是根据《地铁设计规范》（GB 50157—2013）（以下简称《规范》）所规定各设施设备的最大通过能力进行规划设计的。

2. 车站通过能力的影响因素

城市轨道交通运营企业会根据每个车站的具体位置、站台形式、设备配置方式、客流特点等因素，对车站通过能力及瓶颈进行详细分析，有针对性地编制该车站的客流组织方案。车站通过能力的影响因素具体如下。

1）出入口、通道的设置

出入口及通道是进出地铁车站的通道式建筑，其大小和数量在地铁设计阶段根据车站的预测客流量多少和方向确定。出入口及通道是乘客进出站密集经过之处，一般车站根据进出站流线设置引导标志，减少流线交叉，避免产生客流冲突。

步行通道的通过能力取决于以下因素：

（1）步行速度。一般而言，行人步行速度受年龄和性别影响较大。在水平通道处，从不同性别来看，男性的平均步速大于女性；从不同的年龄阶段来看，青年乘客的平均步速最大，中年乘客次之，老年乘客最小。

在客流平峰时段，通道内行人步行速度受到个体特殊情况如性别、年龄、携带行李等影响，彼此之间差距较大。密度较低的行人自由流，其行走速度约为 75 m/min。在高峰时段行走空间受到限制时，所有行人的行走速度相差不会太大。

（2）客流密度。客流密度与客流速度紧密相关，行人密度过小时无法完全发挥通道的承载能力；过大的行人密度会造成堵塞，从而降低通过流量。

（3）有效通道宽度。影响通道通过能力的最后一个因素就是通道的有效宽度。通道宽度越宽，能容纳通过的行人数就越多。《规范》规定了通道的最小宽度为 2.4 m。《规范》中车站各部位的最小宽度见表 2-2-2。

表 2-2-2　《规范》中车站各部位的最小宽度　　　　　　　　　　　　　　m

名称	最小宽度	名称	最小宽度
单向楼梯	1.8	消防专用楼梯	1.2
双向楼梯	2.4	站台至轨道区的工作梯（兼疏散梯）	1.1
与上、下均设自动扶梯并列设置的楼梯（困难情况下）	1.2		

2）楼梯及自动扶梯的设置

楼梯、自动扶梯能帮助乘客完成垂直方向的移动，其通过能力取决于设备的数量、分布和单个设备通过能力。

（1）楼梯的通过能力在很大程度上受其宽度的影响。楼梯的宽度影响乘客能否超越速度缓慢的行人以及能否自由选择合适的步行速度。与步行通道不同的是，楼梯上一小股的反向步行客流将会使其通过能力减半，因此在设计楼梯时需要考虑步行客流的方向，因为过多行人聚集在有限的楼梯空间时，楼梯末端将会出现行人排队现象，这是一个很大的安全隐患。因此，在步行客流量较大的车站内，建议设置为双向楼梯。

（2）自动扶梯的通过能力取决于其进口宽度和运行速度。在平峰时段，无论是进站还是出站行人，乘客于出入口处首先都是选择乘坐自动扶梯，偶尔有少数乘客会选择楼梯。在高峰时段，乘客的需求大于自动扶梯的输送能力，与楼梯一样，自动扶梯的入口也会产生排队区域；在自动扶梯前形成排队区域之后，有大部分赶时间的行人会选择通过楼梯上下行。

自动扶梯的通过能力在它的入口处就已经确定了。在运行的自动扶梯上，步行并不会显著提高自动扶梯的通过能力。一个在扶梯上的步行者占据两级台阶，反而降低了自动扶梯的载客能力。

3）自动售检票设备的设置

车站售票能力取决于设备的数量、分布及单个设备的售票能力。例如，网络售票机和云售票机等先进设备的配备，同时，应用软件（App）等新型支付方式的大力推行，可有效提升车站售票能力。

车站自动检票机是车站付费区和非付费区的分界线，车站检票设备包括闸机和边门，闸机通过能力取决于闸机的开关形式、进出站闸机数量和闸机分布。正常步行的乘客在接近闸机时会减速直至停下 1~2 s 时间，待检票完成之后重新加速行走通过闸机，在客流高峰期闸机会产生排队现象。

闸机对客流的影响取决于行人时距，要确保在下一个行人到达收费口之前，前面一个行人有足够的时间来通过收费口。如果行人时距过短，则行人排队就会变长。其通过能力取决于通过收费口的最短时间。而乘客对售检票设备使用熟练、使用时间缩短，即设备服务时间缩短、服务能力提高，会增加行人的通过率，从而影响车站通过能力。

4）站台、站厅的面积

站台主要用于乘客乘降和候车等。站台的设计应满足远期预测客流的需要，且站台的宽度应满足高峰小时客流量的需要。站台容纳能力主要与站台有效长度、宽度和站台容纳率相关。根据实际客流组织的经验，站台容纳率一般为 2~3 人/m²。

车站站厅用于为乘客进行安全检查、集散乘客和提供售检票服务等。站厅的安全容纳能力与站厅有效长度、宽度和容纳率有关。根据城市轨道交通客流组织经验，站厅容纳率一般为 2~3 人/m²。

5）列车输送能力

影响列车输送能力的两大因素是发车间隔和列车载运人数。

列车发车间隔决定每小时内列车通过的数量。列车发车间隔越大，乘客在车站的滞留时间越长，车站内的乘客数量越多；列车发车间隔越小，车辆满载率越高，来自列车的客流对车站的冲击越大。行车间隔过大或过小，车站客流组织的压力都会过大，造成车站运营组织困难。

列车载运人数的影响因素有列车的编组数量、定员数、车门宽度及数量、列车的满载率等。《规范》规定车辆定员按 6 人/m² 计，超员按 9 人/m² 计。编组数越多，定员数越大，单次列车载运人数就越多；列车车门的宽度越大，车门数量越多，每个车门的平均等待乘客越少，乘客之间的相互影响就越小，上车速度越快。但总的来说，总列车载运人数受车厢定员、列车编组数及最大满载率的制约。

综上所述，车站大客流的组织主要受出入口、通道的设置，楼梯及自动扶梯的设置，自动售检票设备的设置，站厅、站台的面积，列车输送能力的影响。

二、车站通过能力分析计算

通过计算车站通过能力、站厅和站台容纳能力，结合车站建筑布局、设施配置和流线设置，可以计算该站进站、出站和换乘路径上每个客运设施的通过能力和排队区域容纳能力，并可按照"木桶效应"找出每个路径上通行或容纳能力的短板或瓶颈，从而发现车站客流控制的关键区域。

城市轨道交通车站通过能力的瓶颈多数出现在闸机、站台连接处的楼梯及站台等区域。只要控制好这些"瓶颈"处客流组织工作，就能做好车站的客流组织工作。

1. 车站设施设备通过能力分析与计算

1）通道通过能力计算

通道通过能力（人次/h）＝设计最大通过能力［人次/（h·m）］×通道宽度（m）

目前，《规范》规定的通道最大通过能力见表2-2-3。

表2-2-3　通道最大通过能力

部位名称		最大通过能力/（人次·h⁻¹）
1 m 宽通道	单向	5 000
1 m 宽通道	双向混行	4 000

2）楼梯通过能力计算

楼梯通过能力（人次/h）＝设计最大通过能力［人次/（h·m）］×楼梯宽度（m）

《规范》规定的楼梯最大通过能力见表2-2-4。

表2-2-4　楼梯最大通过能力

部位名称		最大通过能力/（人次·h⁻¹）
1 m 宽楼梯	下行	4 200
	上行	3 700
	双向混行	3 200

3）自动扶梯通过能力计算

自动扶梯通过能力（人次/h）＝设计最大通过能力［人次/（h·m）］×自动扶梯宽度（m）

《规范》规定的自动扶梯最大通过能力见表2-2-5。

表2-2-5　自动扶梯最大通过能力

部位名称		最大通过能力/（人次·h⁻¹）
1 m 宽自动扶梯	输送速度 0.5 m/s	6 720
	输送速度 0.65 m/s	8 190
0.65 m 宽自动扶梯	输送速度 0.5 m/s	4 320
	输送速度 0.65 m/s	5 265

4）自动售票设备通过能力计算

自动售票设备通过能力（人次/h）＝设计最大通过能力［人次/（h·台）］×设备台数（台）

《规范》规定的自动售票设备最大通过能力见表2-2-6。

表2-2-6　自动售票设备最大通过能力

部位名称	最大通过能力/（人次·h⁻¹）
自动售票机	300

5）自动检票设备通过能力计算

自动检票设备通过能力（人次/h）＝设计最大通过能力［人次/（h·台）］×设备台数（台）

《规范》规定的自动检票设备最大通过能力见表2-2-7。

表 2-2-7 自动检票设备最大通过能力

表 2-2-7 自动检票设备最大通过能力

部位名称			最大通过能力/（人次·h⁻¹）
自动检票机	三杆式	非接触 IC 卡	1 200
	门扉式	非接触 IC 卡	1 800
	双向门扉式	非接触 IC 卡	1 500

2. 列车输送能力计算

列车输送能力（人次）＝列车定员（人次）×最大发车频率

《规范》规定的地铁车辆载客人数见表 2-2-8。

表 2-2-8 地铁车辆载客人数　　　　　　　　　　人

名称	类别	A 型车	B 型车	
			B1 型车	B2 型车
座席	单司机室车辆	56	36	36
	无司机室车辆	56	46	46
定员	单司机室车辆	310	230	230
	无司机室车辆	310	250	250
超员	单司机室车辆	432	327	327
	无司机室车辆	432	352	352

注：1. 每平方米有效空余地板面积站立的人数，定员按 6 人计，超员按 9 人计；

2. 有效空余地板面积，指客室地板总面积减去座椅垂向投影面积和投影面积前 250 mm 内高度不低于 1 800 mm 的面积。

3. 客流控制关键点分析与计算

1）站台容纳能力分析与计算

站台容纳能力（人）＝站台有效使用面积（m²）×站台容纳率（人/m²）

＝（站台建筑面积–设施设备占用面积）×

单位面积乘客容纳能力

根据城市轨道交通客流组织经验，站台容纳率一般为 2~3 人/m²，本书案例取值 3 人/m²，各城市可按当地实际情况计算。

2）乘客排队能力分析与计算

单侧乘客排队能力计算公式为

单侧乘客排队能力（人）＝乘客排队长度（m）÷单人排队占用长度（m）×

单侧排队队数（列）

单侧排队队数（列）＝单个车门乘客排队队数（列）×车门数量（个）

3）换乘通道能力分析与计算

换乘通道能力（人次/h）＝通道宽度（m）×设计通过能力［人次/（h·m）］

4. 车站通过能力分析与计算

车站通过能力一般取上述各项能力的最小值。某地铁运营企业车站通过能力分析与计算见表 2-2-9。

表 2-2-9　某地铁运营企业车站通过能力分析与计算

车站通过能力分析	车站通过能力计算
通道通过能力	
楼梯通过能力	
自动扶梯通过能力	
自动售票设备通过能力	最小值
自动检票设备通过能力	
列车输送能力	
站台容纳能力	
换乘通道能力	

小贴士

案例分析——北京地铁某车站通过能力计算及客流控制关键点分析

下面以北京地铁某换乘车站为例，进行城市轨道交通车站通过能力的计算及客流控制关键点分析。

1. 车站概况

1号线、4号线某换乘车站换乘结构如图 2-2-1 所示，1号线车站为地下二层车站，岛式台设计，站台宽 16 m，长 260 m，站台有效面积 1 000 m²，设置 4 个出入口；4号线站台为分离岛式设计，车站主体长 222.3 m，站台有效面积 1 200 m²，设置 5 个出入口。4号线车站站厅分为南站厅和北站厅，通过换乘通道与1号线相连，站台排队长度为 2.4 m，如图 2-2-2 所示。

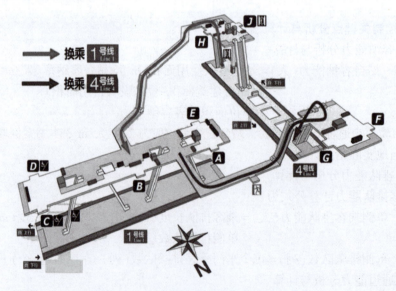

图 2-2-1　某地铁换乘车站换乘结构示意图

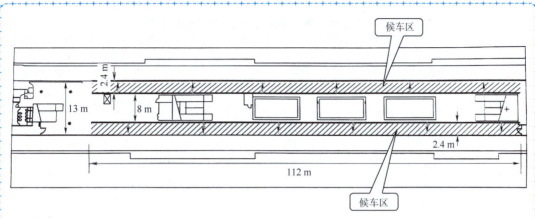

图 2-2-2　某地铁 4 号线换乘车站站台候车情况分布

两线均采用 6 节编组的 B 型车，1 号线列车定员 1 380 人/列，4 号线列车定员 1 408 人/列。最小发车间隔 2 min。

该车站设施设备情况具体见表 2-2-10。

表 2-2-10　车站设施设备一览表

关键部位	设施名单	宽度/m	数量/个
进站闸机	单向闸机	—	2
	双向闸机	—	22
进站楼梯	双向楼梯	2.7	2
	双向楼梯	3.1	2
换乘通道	1 号线换 4 号线	7	1
	4 号线换 1 号线	7	1
站台楼梯	1 号线	4.2	4
	4 号线	5.6	2
换乘扶梯	1 号线	1	1
	4 号线	1	1
出站闸机	单向闸机	—	3
	双向闸机	—	22
出站楼梯	双向楼梯	2.7	2
出站扶梯	上行扶梯	—	2

2. 车站设施设备通过能力计算

根据案例车站的实际物理结构，结合《规范》中的规定，可计算出车站关键设施设备的理论最大通过能力，如表 2-2-11 所示。该案例中，换乘扶梯位于换乘通道内，两者的通过能力需合并计算。因此，该站关键客运设备设施的最小通过能力为换乘通道通过能力 35 000 人次/h。

表 2-2-11　案例车站设施设备通过能力计算

设施设备		宽度/m C	数量/个 D	设计最大通过能力/（人次·h⁻¹）E	理论最大通过能力/（人次·h⁻¹）F（$F=C×D×E$）	关键部位通过能力/（人次·h⁻¹）
进站闸机	单向闸机		2	1 800	3 600	36 600
	双向闸机		22	1 500	33 000	
进站楼梯	双向楼梯	2.7	2	3 200	17 280	37 120
	双向楼梯	3.1	2	3 200	19 840	
换乘通道	1 号线换 4 号线	7	1	5 000	35 000	35 000
	4 号线换 1 号线	7	1	5 000	35 000	
站台楼梯	1 号线	4.2	4	3 200	53 760	53 760
	4 号线	5.6	2	3 200	35 840	36 840
换乘扶梯	1 号线	1	1	8 190	8 190	8 190
	4 号线	1	1	8 190	8 190	
出站闸机	单向闸机		3	1 800	5 400	38 400
	双向闸机		22	1 500	33 000	
出站楼梯	双向楼梯	3.1	2	3 200	19 840	53 500
	上行扶梯	2.7	2	3 200	17 280	
出站扶梯	单向闸机		2	8 190	16 380	

注：各设施设备最大通过能力也可以根据相关设施设备实际测量值确定。

3. 列车输送能力计算

在列车输送能力方面，根据列车的定员及发车频率来确定列车输送能力。

1 号线列车定员 1 380 人，最小发车间隔 2 min，最大发车频率为 30，列车每小时单向最大输送能力（列车定员×最大发车频率）为 41 400 人，双向两列车的最大输送能力为 82 800 人。4 号线列车定员 1 408 人，最小发车间隔 2 min，最大发车频率为 30，列车每小时单向最大输送能力（列车定员×最大发车频率）为 42 240 人，双向两列车的最大输送能力为 84 480 人。

4. 客流控制关键点能力分析

1）站台容纳能力分析

1 号线站台有效面积约为 1 100 m²，站台容纳率按 3 人/m² 计算，站台容纳能力=站台有效面积×站台容纳率=1 100 m²×3 人/m²=3 300 人，若站台乘客数量达到 3 300 人，即视为到达客流控制触发点。

同理，4 号线站台有效面积约为 1 200 m²，站台容纳率按 3 人/㎡ 计算，站台容纳能力为 3 600 人。

2）乘客排队能力分析

案例车站单侧站台乘客排队能力见表 2-2-12。

表 2-2-12　案例车站单侧站台乘客排队能力

排队长度	单人排队占用长度	单侧排队列数	单侧站台乘客排队能力
2.4 m	0.4 m	96 列	576 人

乘客排队长度可达 2.4 m，单人排队占用长度 0.4 m，则一个队伍的排队人数为 6 人。按每个车门 4 列候车队伍计算，6 节编组，B 型车，每车单侧 4 个车门，单侧排队的队伍数为 96 列，则站台单侧可容纳 6 人/列×96 列 = 576 人，两侧共容纳 1 152 人。

3）换乘通道能力分析

1 号线换 4 号线通道：宽度 7 m，《规范》中规定 1 m 宽单向通道的最大通过能力为 5 000 人/h，该换乘通道的最大通过能力（设计最大通过能力×通道宽度）为每小时通过 35 000 人。若换乘通道乘客数量达到 35 000 人，即视为到达客流控制触发点。

4 号线换 1 号线通道：宽度 7 m，《规范》中 1 m 宽单向通道的最大通过能力为 5 000 人/h，该换乘通道的最大通过能力（设计最大通过能力×通道宽度）为每小时通过 35 000 人。

综上所述，该站关键客运设施设备通过能力的瓶颈出现在换乘通道区域，通过能力为每小时 35 000 人；在站台容纳能力方面，瓶颈出现在 1 号线站台，容纳能力为 3 300 人。因此，在该站的客运组织工作中，车站工作人员应重点关注车站站台候车区域、换乘通道区域，关注站台乘客排队候车人数，加强客流疏导，避免客流积压。

【素质素养养成】

（1）在进行车站通过能力计算时，完成车站设备设施数据实地调研时应严格按照车站真实情况进行调研收集，具有实事求是、认真严谨的工作作风。

（2）在计算、分析车站客流控制的关键点过程中，需要将站台容纳能力、乘客排队能力及换乘通道能力与车站设施设备通过能力综合考虑，具有良好的计算能力与分析能力。

（3）在进行车站实地调研时计算车站通过能力，分析客流控制的关键点，确定客流控制触发点，具备能够发现车站现有客流控制存在的问题并优化解决问题的能力。

【任务分组】

学生任务分配表

班级		组号		指导教师	
组长		学号			
组员	姓名	学号		姓名	学号
任务分工					

【自主探学】

任务工作单 1

组号：_____　　姓名：_____　　学号：_____　　检索号：2217-1

引导问题：

（1）请说出车站通过能力的含义。

_____

_____

（2）列举影响通过能力的因素。

_____

_____

（3）如何进行车站设备设施能力计算？

_____

_____

_____

_____

_____

任务工作单 2

组号：_____　　姓名：_____　　学号：_____　　检索号：2217-2

引导问题：

（1）如何计算、分析车站客流控制的关键点？

_____

_____

_____

_____

（2）请完成任务工单车站设施设备通过能力的计算并分析车站客流控制的关键点。

_____

_____

_____

_____

_____

_____

_____

【合作研学】

任务工作单

组号：_____ 　　姓名：_____ 　　学号：_____ 　　检索号：2218-1

引导问题：

（1）小组交流讨论，教师参与，形成车站通过能力的正确计算过程，以及计算、分析车站客流控制的关键点。

_____

_____

_____

（2）记录自己存在的不足。

_____

_____

_____

_____

【展示赏学】

任务工作单

组号：_____ 　　姓名：_____ 　　学号：_____ 　　检索号：2219-1

引导问题：

（1）每小组推荐一位小组长，汇报车站通过能力的计算及车站客流控制关键点的分析，借鉴每组经验，进一步优化计算过程，优化车站客流控制关键点的分析。

_____

_____

_____

（2）检讨自己存在的不足。

_____

_____

_____

_____

【评价反馈】

任务二　车站客运组织方案编制

【任务描述】

通过实地调研或上网，查找所调研车站概况、车站客流情况、车站设施设备情况等内容，完成车站 Word 版《客运组织方案》的编制。

【学习目标】

1. 知识目标

（1）掌握客运组织方案主要内容；

（2）掌握客运组织方案编写要求；

（3）掌握客运组织方案编制步骤。

2. 能力目标

（1）能撰写车站概况分析；

（2）能撰写车站客流情况分析；

（3）能编制车站常规客运组织方案；

（4）能编制车站大客流客运组织方案；

（5）能编制《车站客运组织方案》。

3. 素质目标

（1）具备实事求是、认真严谨的工作作风；

（2）具备以人为本、服务至上的意识；

（3）具备分析问题、解决问题的能力。

【任务分析】

1. 重点

车站客运组织方案编制。

2. 难点

能够完成所调研车站客运组织方案编写。

车站客运组织方案编制

【相关知识】

一、客运组织方案主要内容

车站客运组织方案是车站客运工作的基础指导性文件，需要涵盖客运工作的方方面面，能够依据客运组织的相关原则，进行科学计算，合理分工，保证车站客流高效运转。一般来讲，车站客运组织方案包括以下几部分：

（1）车站概况。

（2）车站客流情况。

（3）车站设施设备布局及能力分析。

（4）车站客流流线及岗位设置。

（5）常规客运组织方案。

（6）大客流客运组织方案。

二、客运组织方案编写要求

为确保车站运营生产安全，为乘客提供优质高效的乘车服务，应根据不同情况下预测客流，编制车站客运组织方案，明确不同情况下各岗位人员应对措施，并组织员工学习、演练，这是十分有必要的。客运组织方案的编写是复杂的系统工程，需要全面考虑，综合分析，要求数据准确，方法科学，具体要求如下。

（1）内容分析全面，客流组织方法合理丰富。

（2）细致地进行车站概况调研，精准客观地收集编制数据。

（3）技术参数与实际测试相结合，确定客运服务设施的服务能力及服务水平。

（4）按照工作实际需求配置客运岗位，确定岗位职责。

（5）客流组织工作流程明确、过程清晰、任务具体、重点突出。

（6）客流情况考虑全面，分类科学，措施得当。

（7）以人为本，安全第一。

（8）提高效率，兼顾效益。

（9）实地演练，科学分析，查缺补漏，经专家评审论证后实施。

三、客运组织方案编制步骤

1. 车站概况分析

地铁车站客流情况与车站所在地理位置息息相关。车站所在的区域及所在区域的城市建设、远期规划情况直接影响到车站客流量大小、乘客出行特征等方面。通常来说，地铁车站的客流量在线网发展的不同时期也是不断发展的，需要车站根据周边环境的变化，合理地调整车站的客流组织。

车站概况分析是编制客运组织方案的基础支撑，只有充分了解车站的基本情况，才能全面分析，因地制宜，有针对性地编制车站适用的客运组织方案。一般应包括车站位置、车站形式、车站出入口布局、车站换乘情况、车站周边环境、车站公交接驳等信息。

1）车站位置

车站位置应当明确车站所处的详细位置、车站建筑建设走向、周边道路情况及路站之间的相互关系，并示图分析。

2）车站形式

车站形式应从所处空间位置、车站建筑结构、每层结构功能分区、站台类型、主要客运区域的尺寸和面积、车站出入口数量等方面详细阐述，并示图分析。

3）车站出入口布局

车站出入口是影响车站客流流线的重要因素，出入口位置及与周边环境的配套决定了车站客流集散的速度，应从平面、立体多维度展示车站结构，使工作人员看到客运组织工作方案后能快速了解车站结构。

4）车站换乘情况

车站换乘分析要从换乘方式、换乘站结构、客流换乘流线等方面进行，并示图分析。

5）车站周边环境

车站周边环境应当详细调查车站周边 500 m 半径范围内的商业、住宅、学校、交通枢纽、场馆、公园等大型客流集散、吸引、生成主体，并按照属性进行分类统计，以便分析车站客流吸引情况。同时，应着重分析车站周边交通接驳情况，以公交接驳、P+R 停车场、共享单车停车场设置情况为主要分析对象。

2. 车站客流分析

车站客流分析主要依托客流预测数据及 AFC 系统实际客流数据，从客流来源、客流构成、客流分布、客流方向、客流空间等方面对客流分类型、分人群、分方向、分时段进行分析。

1）客流特点

客流特点分析主要包括客流来源及构成、时间特点及方向等分析。客流来源及构成分析依据车站周边环境调查及客流预测开展，根据车站周边的用地性质，周边客流集散、吸引、生成主体属性的具体情况，按照不同出入口分别进行统计分析，区分重点人群的年龄、出行属性等，便于精细化管理各出入口的客流组织方式。

时间特点及方向特点分析主要分析工作日、休息日的客流区别，早高峰、晚高峰、非高峰时段的区别。从通勤、通学、商务、休闲、购物等不同客流属性角度分析，同时区别上下行客流特点，判断是否具有明显的潮汐特征。根据城市定位不同，尤其要突出周末及节假日客流特点、春运及寒暑假客流特点等特殊需求。

邻近住宅区的车站，车站客流主要为附近居民，出行呈现早进晚出的特点；邻近商业区的车站，客流主要为前往商业区上班或购物的人群，正常情况下会出现早出晚进，中间时段持续有进出站客流的情况；在商业区开展活动时会有突发性客流的出现。

2）客流时间分布

客流时间分布情况是编制客运组织方案的最关键因素。在车站运营初期，主要依靠客流预测数据计算。

3）客流方向及空间分布

客流方向分布主要分析不同时段（早/晚高峰、平峰）进出站客流、换乘客流的流向，分为上行、下行两个方向统计。

3. 车站设施设备布局及能力分析

车站安检设备、售检票设备、楼梯、自动扶梯、导流设备等客运设施设备的配置位置决定了客流流线走向，配置数量及单体服务能力决定了客流流线的宽度及客流流量。需详细分析设施设备的配置位置、配备数量、单体设施设备的客运服务能力等，并示图分析。

1）通行设施设备布局

通行设施设备布局分析以楼梯、自动扶梯为主，可用图、表搭配说明。

2）售检票及安检设备布局

售检票及安检设备布局分析需要涵盖全部售检票及安检设备，主要有自动售票机、半自动售票机、自动检票机、安检机等，可图、表搭配说明。

3）限流设施布局

限流设施主要以限流栏杆为主，根据不同应用场景，分为固定式栏杆、活动栏杆、导流带等，需要结合场地情况，分析确定限流流线布置、客流流向及限流栏杆需求数量等。客运组织方案中需要明确限流设施可用布局设计方案。

4）设施设备能力分析

车站设施设备客运服务能力分析主要考虑通道、楼梯的通过能力，自动检票机的通过能力，自动售票机及半自动售票机的票卡处理能力，站台乘客容纳能力，站台乘客排队能力等。每类能力应当按照区域分别计算，按照设施设备单位时间内的通用服务能力标准，计算每组设备的总体服务能力，得出某区域整体客运服务和通过能力，测算车站整体客运服务和通过能力即单位时间内乘客容纳能力。此标准为判断车站大客流触发的关键因素之一。

4. 车站客流流线及岗位设置分析

1）客流流线

车站内乘客在集散过程中产生的流动轨迹称为客流流线。在地铁车站内，步/走行客流的运动有着明确的目的性，即进站、出站、换乘，所以客流流线有着明确的起始点与终点，且乘客在站内行走路线受到车站布局的限制，较为固定。车站客流流线依照不同的行走目的分为进站流线、出站流线和换乘流线。根据车站客运设施设备配备，合理布置进出站客流流线，尽量避免流线交叉，并示图分析。

2）客运岗位设置

不同地区、不同运营企业车站客运岗位设置及分工有所区别，但都需要各岗位员工相互配合，共同协作完成车站客运组织工作。车站客运组织方案应当明确各岗位人员的工作职责及在不同时期、不同模式客运组织工作中的主要工作内容，明确各岗位的工作地点及工作流程的相互衔接关系，保证客流组织各环无缝对接，客流流动顺畅无阻。

5. 分析制定常规客运组织方案

在分析"车站结构及周边环境""车站客流情况"及"车站客运安全风险点"的基础上，综合车站客流组成、客流特点、客流方向、客流流线等因素，归纳客流规律，合理安排客运工作人员岗位设置、设施设备布置，制定客流瓶颈应对措施。

常规客运组织预案应包括平峰客运组织方案、高峰客运组织方案两大部分。其中每个方案均应明确方案适用的时间段范围、方案客流流线（进站流线、出站流线及换乘流线，均应用图明确表示）、方案最低岗位人员配置（用图、表表示）、岗位职责（含安检、安保、保洁、文明疏导员等外委人员）等内容。该部分对车站日常客运组织有着重要指导意义。

不同车站的地理位置、所处的城市社会环境均有所区别，部分车站需要重点节假日或大型活动的特异性客流组织方案，开展专题研讨，系统联动。重大活动客运组织方案需要结合地方政府或活动组织方的整体安排，针对性重点突破，保障大型活动的顺利完成。

6. 分析制定大客流客运组织方案

大客流客运组织方案是车站客运组织最常见的"特殊情况"，每个车站均需要详细评估本站发生大客流的概率及情况。大客流组织方案需要从启动时机、限流措施、实施过程、解除时机过程、岗位工作要求等方面展开设计。特殊情况下，本站独立措施无法解决大客流客运组织问题时，方案中还需要明确站区内或全线配合联动限流的方式及汇报组织流程。

7. 编制信息保障附录

客运方案编制完毕后，应完善信息保障相关内容，明确设备维修保障单位联系方式、外部单位联系方式（公安、公交、政府管理部门等相关单位），绘制信息报送流程图。

小贴士

某车站平峰客流组织方案

1. 乘客进、出站乘车流程（见表 2-2-13）

表 2-2-13　乘客进、出站乘车流程

	进站乘车流程	出站乘车流程	换乘乘车流程
文字说明	1. 乘客从出入口到达地铁站后，根据出入口乘车线路引导，经过安检，持长安通/纪念票/二维码等刷卡/扫码通过闸机进站； 2. 没有长安通需购单程票的乘客须至自动售票机处或网络购票机处购票，刷卡通过闸机进站； 3. 若长安通等出现问题不能正常进站，则到就近票务中心处理； 4. 享有特殊待遇的乘客（军人、残障人士）持有效证件可优先至票亭换取福利票刷卡进站； 5. 乘客使用 App 生成的二维码刷码进站时，显示刷码成功，但闸门未打开或被其他乘客进站使用，乘客至车站票务中心查询，售票员使用扫码枪核验信息与乘客描述相符后，须引导其从边门进站	1. 乘客乘坐地铁到站下车后，持长安通/二维码刷卡/扫码后通过闸机出站； 2. 持单程票乘客，将车票插入闸机车票回收口内，验票后出站； 3. 当乘客无车票或车票无效时，需在票务中心补票，再通过闸机验票后出站； 4. 享有特殊待遇乘客持有效证件可从边门直接出站； 5. 乘客使用二维码乘车出站时，闸门未打开/被其他乘客出站使用/手机没电/无信号导致无法正常出站时，引导乘客至车站票务中心/客服中心查询，售票员按规定处理	1. 到站下车后，经站台到达站厅； 2. 3 号线换 14 号线，经过天桥到达换乘厅，再经过换乘通道到达 14 号线站厅； 3. 14 号线换 3 号线，经过换乘通道到达换乘厅，再经过天桥到达 3 号线站厅
图形说明	付费区　非付费区 补票 乘客上车 ← 进入站台 ← 楼梯扶梯 ← 进站闸机 ← 安全检查 ← 乘客购票	付费区　非付费区 补票 乘客下车 → 楼梯扶梯 → 进入站厅 → 出站闸机 → 乘客出站	—

2. 日常客流组织各岗位职责

日常客流组织人员岗位安排：值班站长 2 人、行车值班员 2 人、客运值班员 1 人、票亭岗 4 人、站台岗 2 人、早高峰协助岗（保安）2 人、晚高峰协助岗（保安）2 人、周末高峰期协助岗（保安）2 人，视情况安排人员至闸机处引导。日常客流组织各岗位职责如表 2-3-14 所示。

表 2-2-14　日常客流组织各岗位职责

序号	责任人	组织步骤
1	值班站长 （2 人）	1. 总体负责本班工作，负责各岗位的协助分工，监督指导本站员工工作； 2. 负责应急情况下的处置和决策，处理乘客票务事务，处理突发事件； 3. 提前设置好线路引导乘客进、出站，避免进出客流交叉
2	行车值班员 （2 人）	1. 负责车控室日常工作，监控 ATS/LCW，通过 CCTV 监控客流情况，服从值班站长安排； 2. 值班站长不在时由行车值班员代理值班站长工作，对客流组织的具体工作进行落实，监督各岗位工作情况，监督指导售票员、AFC 设备维修及票亭等工作； 3. 注意站台乘客的候车动态，客流较大时向行调申请多停晚开、加开列车等行车配合措施
3	客运值班员 （1 人）	1. 全权管理车站票务管理室内的车票、现金及票务备品； 2. 负责对各售票员的配票及结账工作，监督售票员作业； 3. 处理乘客事务和 AFC 设备维修； 4. 负责出闸机车票回收、钱箱更换、TVM 补币补票； 5. 客流增大时负责站厅客流疏导及准备售卖预制单程票
4	票亭岗 （4 人）	1. 负责票务中心兑零，售票和处理车票等各项事务，监控站厅及换乘厅的客流情况，随时将客流反馈车控室； 2. 票亭岗在不兑零、不处理乘客事务时，须在出站闸机处（票务中心附近）负责引导乘客出站，保证出站通道的畅通
5	站台岗 （2 人）	1. 负责上、下行站台接发列车，站台出现异常情况处理完毕后向司机显示"好了"信号，确保列车正常运行； 2. 行车间隔时段在电扶梯处进行客流的引导，及时疏散扶梯口乘客，避免乘客长时间在扶梯处逗留，发生踩踏事件； 3. 维持好站台乘客秩序，加强巡视和引导用语，第一时间将站台乘客动态报告车控室，防止车门/屏蔽门夹人
6	早高峰协助岗 （2 人）	1. 在出站闸机处引导乘客快速出站； 2. 出站闸机处出站乘客较少时，负责巡视扶梯处； 3. 负责 TVM 指引乘客购票，进站闸机处引导乘客进站； 4. 当电扶梯/楼梯处乘客拥挤时，须在站台电扶梯处进行引导，发现异常及时处理

续表

序号	责任人	组织步骤
7	晚高峰 协助岗 （2人）	1. 在出站闸机处引导乘客快速出站； 2. 出站闸机处出站乘客较少时，负责巡视扶梯处； 3. 负责 TVM 指引乘客购票，进站闸机处引导乘客进站； 4. 当电扶梯/楼梯处乘客拥挤时，须在站台电扶梯处进行引导，发现异常及时处理
8	周末高峰期 协助岗 （2人）	1. 在出站闸机处引导乘客快速出站； 2. 出站闸机处出站乘客较少时，负责巡视扶梯处； 3. 负责 TVM 指引乘客购票，进站闸机处引导乘客进站； 4. 当电扶梯/楼梯处乘客拥挤时，须在站台电扶梯处进行引导，发现异常及时处理
9	车站安检	做好安检工作，听从值站现场安排
10	车站保安	协助车站做好接车、巡视工作

3. 车站日常现场客流组织示意图

某地铁站 3 号线站厅日常客流组织示意图如图 2-2-3 所示。

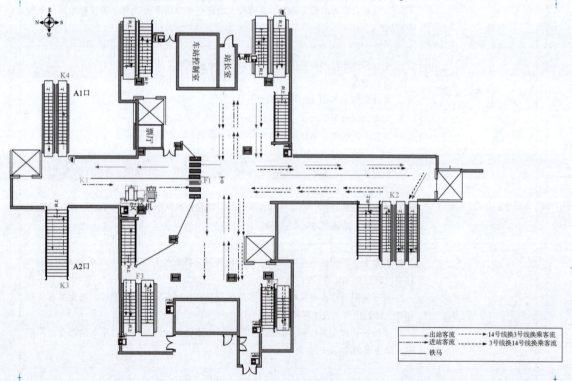

图 2-2-3　某地铁站 3 号线站厅日常客流组织示意图

图释：

1. 进站闸机处摆放铁马，将进出乘客分流；东侧天桥摆放铁马，分流 3 号线换 14 号线及 14 号线换 3 号线客流；

2. 闸机处安排人员进行引导。

某地铁站换乘厅日常客流组织示意图如图 2-2-4 所示。

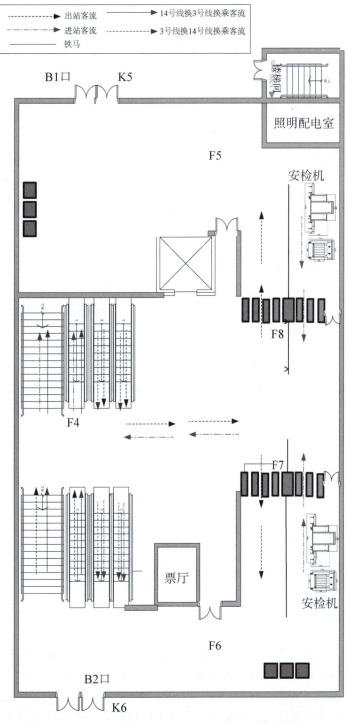

图 2-2-4　某地铁站换乘厅日常客流组织示意图

图释：进出站闸机处摆放铁马，将进出乘客分流。

某地铁站 14 号线站厅日常客流组织示意图如图 2-2-5 所示。

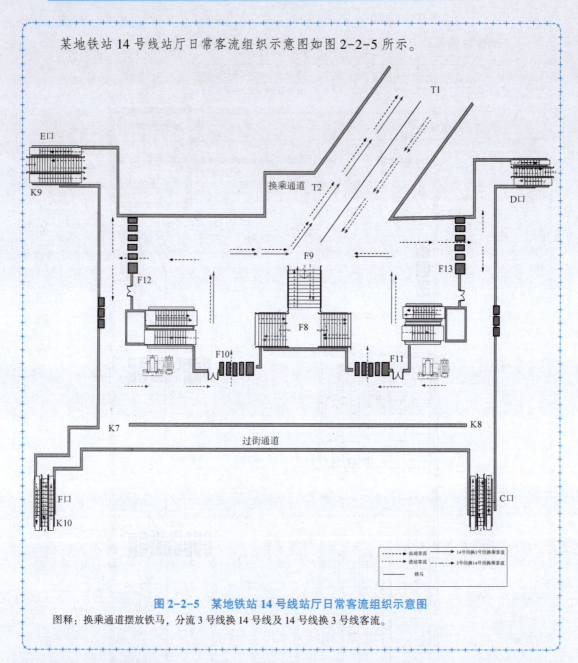

图 2-2-5　某地铁站 14 号线站厅日常客流组织示意图
图释：换乘通道摆放铁马，分流 3 号线换 14 号线及 14 号线换 3 号线客流。

【素质素养养成】

（1）在进行车站客运组织方案编制时，完成车站概况、客流情况实地调研时严格按照车站真实情况进行调研收集，具有实事求是、认真严谨的工作作风。

（2）在制定车站常规客运组织方案、大客流客运组织方案的过程中，能够合理安排客运工作人员岗位人员配置设置、值岗布局安排及岗位职责、客运设施设备设置位置，制定客流瓶颈应对措施，具有以人为本、服务至上的意识。

（3）在进行车站实地调研确定客运组织方案过程中，具备能够发现车站现有客流组织存在的问题并优化解决问题的能力。

【任务分组】

学生任务分配表

班级		组号		指导教师	
组长		学号			
组员	姓名	学号		姓名	学号
任务分工					

【自主探学】

任务工作单1

组号：_____   姓名：_____   学号：_____   检索号：2227-1

引导问题：

（1）车站客运组织方案的主要内容包括哪几个部分？

_____

_____

_____

_____

（2）制定车站客运组织方案时，应从哪几个方面对车站概况进行分析？

_____

_____

_____

_____

（3）如何进行车站客流分析？

_____

_____

_____

_____

_____

任务工作单 2

组号：_____   姓名：_____   学号：_____   检索号：2227-2

引导问题：

（1）撰写车站概况分析。（提示：①车站位置；②车站形式；③车站出入口布局；④车站换乘情况；⑤车站周边环境。）

_____

_____

_____

（2）撰写车站客流情况分析。（提示：①客流特点：来源及构成；②客流时间分布特点；③客流空间分布特点。）

_____

_____

_____

_____

（3）车站设施设备能力分析。[提示：①楼梯及自动扶梯的通过能力；②售检票设备的通过能力；③客流控制关键点能力分析（站台容量、乘客排队空间、换乘通道能力分析）。]

_____

_____

_____

_____

（4）编制车站常规客运组织方案，可附页。[提示：①平峰时段客运组织方案；②高峰时段客运组织方案；③节假日客运组织方案。具体内容包括：适用时段、岗位人员配置、客流流线、值岗布局安排及岗位职责、客运设施设备设置位置等，需配图呈现相关内容。]

_____

_____

_____

_____

（5）编制车站大客流客运组织方案，可附页。[提示：具体内容包括：大客流客运组织措施实施前提条件、岗位人员配置、值岗布局安排及岗位职责、客运设施设备设置位置等，需配图呈现相关内容。]

_____

_____

_____

_____

（6）请根据以上引导问题整理完成 Word 版《车站客运组织方案》，可附页。

_____

_____

_____

_____

【合作研学】

任务工作单

组号：_____　　姓名：_____　　学号：_____　　检索号：2228-1

引导问题：

（1）小组交流讨论，教师参与，形成正确的 Word 版《车站客运组织方案》。

（2）记录自己存在的不足。

_____

_____

_____

_____

【展示赏学】

任务工作单

组号：_____　　姓名：_____　　学号：_____　　检索号：2229-1

引导问题：

（1）每小组推荐一位小组长，汇报《车站客运组织方案》编制的步骤，借鉴每组经验，进一步优化方案。

（2）检讨自己存在的不足。

_____

_____

_____

_____

【评价反馈】

模块三

城市轨道交通车站客流组织

模块说明

　　城市轨道交通主要是通过合理的客流组织来完成其大容量的客运任务。客流组织是通过合理布置客运有关设备、设施以及对客流采取有效分流或引导措施来组织客流运送的过程。客运组织工作是城市轨道交通运营生产的重要组成部分，客运服务质量直接反映城市轨道交通运营企业的管理水平。客运组织工作必须实行统一领导、分级管理的原则，控制指挥中心统一领导全线的客运组织工作，而车站的具体客运组织工作由车站站长和值班站长负责完成分级管理的任务。车站是轨道交通企业对乘客服务的窗口，车站客运工作组织的好坏，直接关系到市民对轨道交通服务的满意度，也反映了轨道交通运营企业的管理水平。

　　城市轨道交通车站客运组织工作主要内容包括车站布置形式、正常情况客流组织、大客流组织、极端大客流组织等。

教学建议

　　可利用多媒体教学设备或在理实一体化教室对车站设备及其布置进行理实一体化教学，或到地铁车站现场教学；对车站客流组织应先进行理论教学，再利用案例模拟教学，有条件可去现场进行参观教学。

模块内容

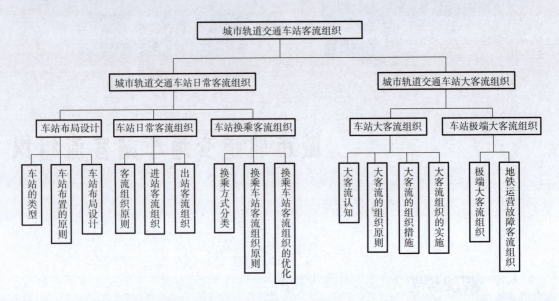

城市轨道交通车站客流组织

├─ 城市轨道交通车站日常客流组织
│   ├─ 车站布局设计
│   │   ├─ 车站的类型
│   │   ├─ 车站布置的原则
│   │   └─ 车站布局设计
│   ├─ 车站日常客流组织
│   │   ├─ 客流组织原则
│   │   ├─ 进站客流组织
│   │   └─ 出站客流组织
│   └─ 车站换乘客流组织
│   ├─ 换乘方式分类
│   ├─ 换乘车站客流组织原则
│   └─ 换乘车站客流组织的优化
│
└─ 城市轨道交通车站大客流组织
    ├─ 车站大客流组织
    │   ├─ 大客流认知
    │   ├─ 大客流的组织原则
    │   ├─ 大客流的组织措施
    │   └─ 大客流组织的实施
    └─ 车站极端大客流组织
        ├─ 极端大客流组织
        └─ 地铁运营故障客流组织

项目一 城市轨道交通车站日常客流组织

【项目描述】

城市轨道交通车站是客流的节点，是列车到发、通过、折返、临时停车的地点；同时，轨道交通车站是轨道交通客运工作的基本生产单位，是向乘客提供上下车、购票以及相关服务的场所；另外，车站还具有购物、集聚、景观等一系列功能。车站的建筑形式必须结合城市特有的发展规划、地理条件及经济状况，因地制宜地考虑选型，并与各种车站的建筑施工特点结合起来进行选型。因此，了解和掌握车站的类型、布局特点及客运设施设备的布置状况及功能要求，是了解和掌握地铁车站客运组织工作的基础。

任务一 车站布局设计

【任务描述】

城市轨道交通作为城市快速交通系统的重要组成部分，其车站布局设计对于缓解城市交通压力、减少道路拥堵具有至关重要的作用。合理的车站布局能够确保地铁线路的有效衔接，提高地铁的运行效率，从而缩短市民的出行时间，提升整个城市交通系统的运行效率。请根据以下资料完成车站布局设计，绘制车站站厅（付费区、非付费区）布局图。

甲城市地铁 1 号线有 8 座车站（A~H），2 号线、3 号线已建成。1 号线营业时间为 5:00—23:00，早高峰小时（7:00—8:00）的站间到发客流数据见下表。A 站至 H 站为下行方向。

早高峰小时各站间到发客流数据表　　　　　　　　　　　　　　　　人

发＼到	A	B	C	D	E	F	G	H
A		2 341	2 033	2 518	1 626	2 104	3 245	4 232
B	2 314		575	1 540	1 320	2 282	2 603	3 112
C	1 887	524		187	281	761	959	1 587
D	2 575	1 376	199		153	665	940	1 638
E	1 556	1 253	322	158		143	426	1 040
F	3 100	2 337	662	691	162		280	1 895
G	4 191	3 109	816	956	448	388		711
H	3 560	2 918	1 569	1 728	967	1 752	671	

注：经统计：约有 20% 的人使用自动售票机，10% 的人使用半自动售票机。在不考虑换乘的情况下做以下要求：

（1）计算各站早高峰的上下车人数；

（2）分组确定每个车站的自动售票机（TVM）数量；

（3）分组确定每个车站的半自动售票机（BOM）数量；

（4）分组确定每个车站的进站检票机数量；

（5）分组确定每个车站的出站检票机数量。

【学习目标】

1. 知识目标

（1）掌握车站的作用及分类；

（2）掌握车站布局的原则。

2. 能力目标

（1）能进行车站布局设计；

（2）能确定车站 AFC 设备数量；

（3）能绘制车站站厅（付费区、非付费区）平面图。

3. 素质目标

（1）养成讲原则、守规矩的规范意识；

（2）养成整体意识和大局意识；

（3）养成以人为本、兼顾企业效益的意识；

（4）养成严谨细致、专注负责的工作态度。

【任务分析】

1. 重点

站厅设备布置。

车站的分类　　出入口及通道　　导向标　　站内客运设备　　AFC 终端设备

2. 难点

车站布局设计；车站站厅（付费区、非付费区）平面图绘制。

站厅的布置　　站台的布置　　站台门系统　　车站设备认知

【相关知识】

一、车站的类型

1. 按车站客流量分类

大型车站：高峰小时客流量达 3 万人次以上。

中等车站：高峰小时客流量在 2 万~3 万人次。

小型车站：高峰小时客流量在 2 万人次以下。

2. 按运营性质分类

（1）中间站——仅供列车停靠和乘客上下车之用，功能单一，是城市轨道路网中数量最多的车站，如图 3-1-1 所示。

（2）区域站——区域站是设在两种不同行车密度交界处的车站，设有折返线和折返设备，区域站兼有中间站的功能，如图 3-1-2 所示。

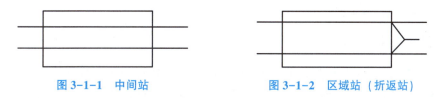

图 3-1-1　中间站　　　　　　图 3-1-2　区域站（折返站）

（3）换乘站——换乘站是位于两条及两条以上线路交叉点上的车站（见图 3-1-3）。除了具有中间站的功能外，更主要的是它还可以实现从一条线上的车站通过换乘设施转换到另一条线路上。

（4）尽端站——是设在线路两端的车站（见图 3-1-4）。就列车上下行而言，尽端站既是终点站也是起点站，尽端站设有可供列车全部折返的折返线和设备，也可供列车临时停留检修。

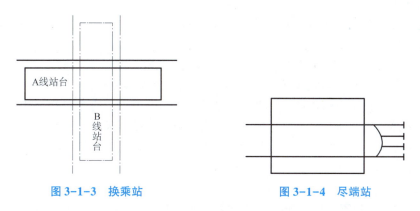

图 3-1-3　换乘站　　　　　　图 3-1-4　尽端站

3. 按车站位置分类

地下站：由于地面空间的限制，建设于地下的车站，其建设费用较高。市区内部地铁车站多采用这种形式。

地面站：设置在地面层的车站，地面车站造价比较低，但占用地面空间，其缺点是造成轨道交通线路所经过的地面区域分割，所以一般在城市郊区采用此类型的车站。

高架站：高架站的出入口设置在地面，站厅或站台采用高架的形式。高架站造价比地下站要低，但对地面景观影响较大，多设置在郊区。

各种车站的布置如图 3-1-5 所示。

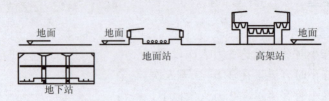

图 3-1-5 按车站位置分类的车站形式

4. 按有无道岔分类

城市轨道交通线路中除正线外，还有折返线、停车线、渡线、联络线等辅助线，正线和辅助线要依靠道岔进行转线。城市轨道交通车站中存在折返线、停车线、渡线、联络线等辅助线路的车站称为有道岔车站，此类车站不仅要完成正常的行车组织工作，还要完成站内的调车作业；相应地，无道岔车站则只需完成正常的行车组织工作。

二、车站布置的原则

（1）车站选址要满足城市规划、城市交通规划及轨道交通路网规划的要求，并综合考虑该地区的地下管线、工程地质、水文地质条件、地面建筑物的拆迁及改造的可能性等情况合理选定。

（2）车站总体设计要注意与周围环境的协调，如与城市景观、地面建筑规划相协调。

（3）车站的规模及布局设计要满足路网远期规划的要求。

（4）车站站位应尽可能地靠近人口密集区和商业区，最大限度地方便乘客出行。

（5）车站的设计应尽可能地与物业开发相结合，使土地的使用最经济。

（6）车站的设计应简洁明快大方，易于识别，并应体现现代交通建筑的特点，同时还应与周围的城市景观相协调。

（7）车站设计应能满足设计远期客流集散量和运营管理的需要，应具有良好的外部环境条件，最大限度地吸引乘客。

（8）车站应在满足使用功能的前提下，尽量缩小建筑空间，使其规模、投资最合理。

（9）车站公共区应按客流需要设置足够宽度的、直达地面的人行通道，出入口的布置应积极配合城市道路、周围建筑、公交的规划等因素综合考虑，通道和出入口不应有影响乘客紧急疏散的障碍物。车站设计要尽量兼顾过街人行通道的要求。

（10）贯彻以人为本的思想，车站需解决好通风、照明、卫生等问题，以提供给乘客安全、快捷和舒适的乘降环境。在经济条件许可的情况下，也应尽量从以人为本的出发点来考虑设计标准。

（11）车站考虑防灾设计，确保车站的安全性。

（12）车站设计要考虑其经济性。

三、车站布局设计

（一）出入口

出入口是连接轨道交通与外界的窗口，除了功能设计需要先进外，还需要具备美观大方等艺术特点，如图 3-1-6 所示。一般一个地铁车站根据客流量的大小和其重要性设有 2~8 个出入口，某些车站的出入口最多可达十几个，如西安地铁 2 号线的行政中心站，布置在道路中心广场下方，衔接市政府、市委、商业街区、公园、住宅区，设有 16 个出入口。

图 3-1-6　车站出入口

1. 出入口布置原则

（1）车站出入口的位置，一般选在城市道路两侧、交叉路口及有大量人流的广场附近，以及火车站、公共汽车站、电车站附近，便于乘客换车。

（2）车站出入口与城市人流路线有密切的关系。应合理组织出入口的人流路线，尽量避免相互交叉和干扰。车站出入口不宜设在城市人流的主要集散处，以便减少出入口被堵塞的可能。

（3）车站出入口应设在比较明显的部位，需具有标志性或可识别性。

（4）如果地铁车站设在地面街道十字路口下，为了避免乘客和行人横穿马路，一般应在各个角都设置出入口；如果车站位置在社区附近，则出入口位置尽量设在靠近社区门口，方便居民乘车；如果车站设在大型购物休闲地带，则车站出入口应考虑与购物休闲出入口尽量连接，或者有些出入口可直接设在购物中心的一楼到地下一层，尽量方便乘客。

2. 出入口数量

一般一个地铁车站根据客流量的大小和其重要性设有 2~8 个出入口。浅埋地下车站的出入口数量不宜少于 4 个，深埋地下车站出入口的数量不宜少于 2 个。

3. 出入口宽度计算

地下车站，出入口处布置有楼梯，楼梯的宽度直接影响出入口的宽度。

$$B_n = \frac{M \cdot k \cdot b_n}{C_t \cdot N} \tag{3-1-1}$$

式中：B_n——出入口楼梯宽度（n 表示出入口序号），m；

M——车站高峰小时客流量；

k——超高峰系数（1.2~1.4）；

b_n——出入口客流不均匀系数（$b_n = 1.1~1.25$）（n 表示出入口序号）；

C_t——楼梯通过能力；

N——出入口数量。

（二）站厅

站厅的作用是将出车站的乘客迅速、安全、方便地引导到站台乘车或是引导下车乘客迅速离开车站，因而它是一种过渡空间。

1. 站厅布置原则

一般站厅内要设置售检票及问询等设施，在一定程度上会导致乘客聚集，因此站厅要起到分配和组织人流的作用。站厅应有足够的面积，除考虑正常所需购票、检票及通行面积外，尚需考虑乘客做短暂停留及特殊情况下紧急疏散的情况，如图 3-1-7 所示。

站厅的面积主要由远期车站预测的客流量大小和车站的重要程度决定，一般根据经验和类比分析确定。

图 3-1-7　车站站厅

2. 站厅布置形式

一般站厅有两种布置形式：一种为分别在站台两端上层设置站厅，即分散布置，这种布置形式的站厅面积小，但站台感觉层高较高，比较开阔（见图 3-1-8）；另一种为在站台上层集中布置，这种形式的站厅面积大，但站台感觉较为压抑（见图 3-1-9）。

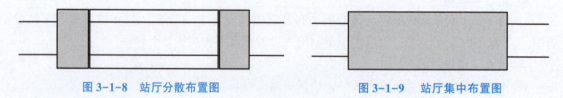

图 3-1-8　站厅分散布置图　　　　　　图 3-1-9　站厅集中布置图

3. 站厅层公共区布局

公共区是乘客集散的区域，利用自动售检票设备和隔离栏杆等可将其划分为付费区和非付费区，如图 3-1-10 所示。进站乘客在非付费区完成购票后，通过检票设备进入付费区，再通过楼梯或扶梯到达站台乘车；出站乘客通过自动检票设备后到非付费区出站。

4. 站厅层车站用房区

1）车站管理用房

车站管理用房一般设置在站厅层非付费区，有些也设置在站台层非公共区域。车站管理

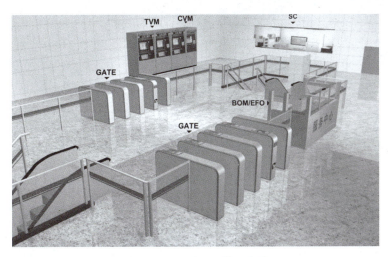

图 3-1-10　站厅公共区布置

用房主要包括：车站综合控制室（车控室）、票务管理室、屏蔽门工班管理室、通信信号工班管理室、AFC 工班管理室等，如图 3-1-11 所示。正线运营的每个车站都必须设置车站综合控制室、票务管理室，屏蔽门工班管理室、通信信号工班管理室、AFC 工班管理室等。其他专业根据其所管理的区段设置在合适的车站。车站综合控制室是车站运营的中心。

图 3-1-11　车站管理用房

2）车站设备用房

车站设备用房一般设置在站厅层非付费区或站台层非公共区域，主要是安置各类设备、进行日常维修及保养设备的场所。车站设备用房主要包括：风机空调房、综合控制设备房、低压配电室、通信信号设备室、屏蔽门设备室、消防气瓶间等，如图 3-1-12 所示。

（三）站台

站台是最直接体现车站功能的层面，其主要作用是供列车停靠、乘客候车及上下列车之用。站台两端一般设有设备用房及办公用房、厕所等；站台通常还设置座椅供乘客休息；由于站台直接与轨道相接，一般在站台边缘设置屏蔽门来保障乘客乘车的安全性，如图 3-1-13 所示。

图 3-1-12　车站低压配电室

图 3-1-13　车站站台

1. 站台布置原则

站台层布置需以车站上下行远期超高峰小时设计客流量来计算站台宽度，根据列车编组确定站台长度，根据线路走向及换乘要求确定站台型式。

2. 站台类型

1）岛式站台

站台位于上、下行线路之间，可供上、下行线路同时使用的车站称为岛式站台车站。岛式站台车站适用于规模较大的车站，站台两端有供乘客上下的楼梯通至站厅。岛式站台空间利用率高，可以有效利用站台面积调剂客流，方便乘客的使用，站厅及出入口也可灵活安排，与建筑物结合或满足不同乘客的需要。其缺点是车站规模一般较大，不易压缩，如图 3-1-14 所示。

2）侧式站台

站台位于线路两侧，线路用最小间距通过两站台之间的车站称为侧式站台车站。侧式站台在面积利用率、调剂客流、人流疏散、站台之间的联系等方面不及岛式站台，适用于客流量较小的车站或高架车站。由于侧式站台设置在线路两侧，售检票区可以灵活地设置，车站两侧也可结合空间开发统一利用，同时侧式站台在节省工程造价，后期工程预留等方面有自身优点，如图 3-1-15、图 3-1-16 所示。

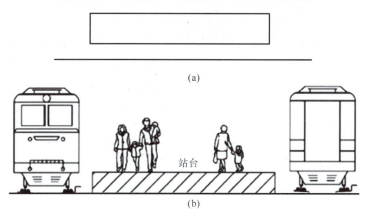

(a)

(b)

图 3-1-14　岛式站台示意图

（a）岛式站台平面图；（b）岛式站台断面图

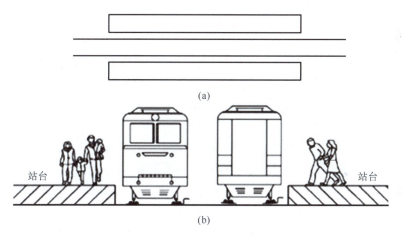

(a)

(b)

图 3-1-15　侧式站台示意图

（a）侧式站台平面图；（b）侧式站台断面图

图 3-1-16　侧式站台

3）混合式站台

在某些特殊情况下，可以综合上述两种型式，形成混合型站台的车站，既有岛式站台又有侧式站台。从运营方面看，乘客可同时在两侧上下车，能缩短停靠时间，常用于大型车站。某些繁忙线路需设三条轨道，或是换乘站，一般采用混合式站台，如图3-1-17所示。

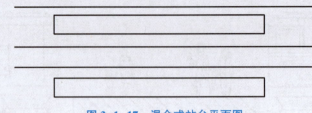

图3-1-17　混合式站台平面图

3. 站台的长度、宽度和高度

1）站台长度

站台长度分为站台总长度和站台有效长度两种。

站台总长度是包含了站台有效长度和所设置的设备、管理用房及迂回风道等占用的长度，即车站规模长度。

站台有效长度即站台计算长度，其量值为远期列车编组有效使用长度加上停车误差。

站台的有效使用长度，无屏蔽门的站台指首末两节列车司机门之间的长度；有屏蔽门的站台为首末两节列车不包括司机门的屏蔽门所围长度。

2）站台宽度

站台宽度主要根据车站远期预测高峰小时客流量大小、列车运行间隔时间、结构横断面形式、站台型式、站房布置、楼梯及自动扶梯位置等因素综合考虑确定。

为保证乘客在站台上候车安全，距站台边缘400 mm处应设不小于80 mm宽的醒目安全线。

为保证列车高速进站及出站的限界要求，设于站台计算长度外的所有立柱、墙与站台边缘距离不得小于220 mm。

侧式站台宽度，可分两种情况：一是沿站台纵向布设楼梯（自动扶梯）时，则站台总宽度由楼（扶）梯的宽度、设备和管理用房所占的宽度（移出站台外则不计宽度）、结构立柱的宽度和侧站台宽度等组成；二是通道垂直于站台方向布置时，楼梯（自动扶梯）均布置在通道内，则站台总宽度包含设备和管理用房所占的宽度（移出站台外则不计宽度）、结构立柱的宽度和侧站台宽度。

$$B_1 = \frac{MW}{L} + 0.48 \tag{3-1-2}$$

式中：B_1——侧式站台宽度，m；

　　　　M——超高峰小时每列车单向上下车人数；

　　　　W——人流密度，按0.4 m²/人计算；

　　　　L——站台有效长度，m。

岛式站台宽度包含了沿站台纵向布置的楼梯（自动扶梯）的宽度、结构立柱（或墙）的宽度和侧站台宽度。

$$B_2 = 2B_1 + C + D \tag{3-1-3}$$

式中：B_2——岛式站台宽度，m；

$\quad\quad B_1$——侧式站台宽度，m；

$\quad\quad C$——柱宽，m；

$\quad\quad D$——楼梯、自动扶梯宽，m。

3）站台高度

站台高度是指线路走行轨顶面至站台地面的高度。站台实际高度是指线路走行轨下面结构底板面至站台地面的高度，它包括走行轨顶面至道床底面的高度。

4. 通道

乘客从车站出入口到站厅或站台层需要有一定的通道，通道是联系城市轨道交通车站出入口和站厅层的纽带。一个车站从立体结构上分一般有3~4层，大型换乘枢纽层数更多，因此每层之间的联系通道直接影响站内乘客流线的组织。通道的设计应以乘客流动的路线为主要依据，最大限度减少进出站乘客流线的交叉和最大限度缩短乘客从出入口到站台的行走距离。通道主要由楼梯、电梯和步行道组成。

5. 综合开发区

现代城市轨道交通车站特别强调车站及沿线的综合开发能力，对车站来说，就是通过合理的功能划分和安排，使车站在满足乘客出行服务要求的同时，能进行一定的服务功能与规模的延伸，包括车站与城市其他交通方式的结合，与地下市政公共设施的结合，与商业、服务设施的结合，与民防工程设施的结合等。

小贴士

车站客运设备配置原则

城市轨道交通车站的设备配置首先要满足面向乘客的服务要求，其次要强调设备配置的能力匹配与经济性，最后要体现出轨道交通服务方式在各类城市公共交通服务中的先进性，具体表现为：

1. 实用性

车站的设备配置要符合车站服务的特点，即服务的短暂性和高效率。轨道交通主要解决乘客在该服务系统中的汇聚与疏解，有很强的时效性，乘客的基本要求是在短暂的移动过程中充分享受到车站所提供的舒适服务。因此设备的实用性是车站首先考虑的问题，如车站的自动扶梯、先进的售票系统、车站的空调系统等设备都是城市轨道交通车站完成其优质服务功能所不可缺少的。另外，作为现代文明城市的代表窗口，无障碍通行走廊（系统）的设置也是必不可少的，为行动不便的乘客提供最大的出行方便。

2. 功能匹配

由于轨道交通系统投资巨大，城市轨道交通车站的设备配置既要满足乘客所需的服务要求，也要避免设备能力闲置，降低设备的使用效率以及系统运营的经济效益（不包括正常的设备能力储备），即车站设备服务能力与乘客所需服务容量的匹配。另外，车站设备配置的能力匹配，还包括各设备之间的容量与能力匹配，如列车运营密度对站厅候车能力、疏解能力、自动扶梯服务容量、售检票能力等都提出了相应的配套要求。

3. 先进性

城市轨道交通系统作为先进的大容量、快捷交通运行工具，同时也是一个复杂的运营系统。高技术、高智能化是基本特征，而要体现这一特征，构成这一系统的诸设备必须有相当的先进性。就目前而言，应以计算机技术、信息技术和控制技术为主要应用对象，提高车站设备的技术和应用层次。

4. 经济性

在满足乘客乘降需求的前提下，本着提高设备利用率的原则。车站内所配置的相关设备必须符合经济性，即从设备的等级、规模、先进的程度等方面出发体现出够用的原则，从而使车站的建设的投资恰到好处。

5. 安全性

与其他各类交通工具一样，城市轨道交通系统也十分强调其运营的安全性，它是所有被考虑因素中的第一位要素。而安全运营的实现除了依靠严格而又科学的运营管理以外，所属设备的运行可靠程度也是一个决定因素。对于车站设备的配置来说，要从所配置设备的安全可靠性上严格把关，同时还要配备必要的应急设备以防万一，如车站的供电系统。

（四）楼梯及电扶梯

出入口至站厅、站厅至站台需要设置楼梯或电梯。

1. 楼梯

若车站从出入口到站厅层只有步行楼梯，需要从楼梯中部利用隔离栏杆划分，这样进站客流和出站客流就不容易交叉干扰；若有些车站既有步行楼梯，又有自动扶梯，自动扶梯可以有效地将进出站客流分开，避免对流干扰。

由于地铁开挖深度较大，如果楼梯坡度大，容易造成乘客的疲劳感和不安全感；坡度太小会增加车站占地面积和工程量，因此应科学地设计楼梯坡度，当通道台阶数量多时，可分不同段设置缓解平台。楼梯一般采取 $26° \sim 34°$ 倾角，其宽度单向通行不小于 1.8 m，双向通行不小于 2.4 m。当宽度大于 3.6 m 时，应设置中间扶手，且每个梯段不宜超过18 步。

2. 电扶梯

电扶梯系统包括垂直电梯、自动扶梯以及楼梯升降机。其中垂直电梯和楼梯升降机主要面向进出站行动不便的乘客，可根据车站建设成本进行不同设置。如若车站中的垂直电梯不能直达地面，则需要在车站设置楼梯升降机。

（1）垂直电梯一般设置在站厅到站台之间的垂直空间部分，主要目的是方便残疾人前往站台乘车，系统设计标准规定：电梯平台需距离路面 $150 \sim 450$ cm，可采用玻璃外墙增加站内透明度，如图 3-1-18 所示。

（2）楼梯升降机是电梯的一个分支。安装在车站站台到站厅和地面到站厅步行楼梯一侧，提供给坐轮椅的乘客上下楼梯使用，弥补了车站现有直梯不能到达地面的不足。在升降机的上端和下端均设有对讲设备，只要按下对讲机上的按钮，即可与车站控制室对话，要求工作人员开梯使用，如图 3-1-19 所示。

图 3-1-18 垂直电梯

图 3-1-19 楼梯升降机

3. 自动扶梯

自动扶梯是指带有循环运动梯路向上或向下倾斜输送乘客的固定电力驱动设备。一般车站出入口及站厅可设置上下行扶梯，对客流量不大的车站，可用楼梯代替下行扶梯。

自动扶梯台数确定：自动扶梯作为车站中必须配置的设备，其作用是实现乘客在车站内的快速疏解，所以自动扶梯的配置要根据车站客流量来进行。

以出站客流乘自动扶梯向上到达站厅层或地面考虑，自动梯台数 M 的计算如下：

$$M = \frac{NK}{n_2 n} \tag{3-1-4}$$

式中：N——预测下客量（上下行），人/h；

K——超高峰系数，取 1.2~1.4；

n_2——每小时输送能力；

n——楼梯的利用率，选用 0.8。

（五）自动售检票系统终端设备

1. 售票系统设备

售票系统设备包括售票机、验票机、充值机、兑币机等。这些设备应沿着进站客流流线顺序摆放，同时尽量避免阻碍和干扰其他方向客流。另外，为了节省地下空间，车站售票亭一般兼有人工售票、验票、补票等功能，宜布置在靠近出站检票机处以方便验票和补票。

2. 检票系统设备

检票系统设备包括进站检票机、出站检票机和双向检票机。检票机台数应根据远期高峰客流量确定，并有适当的预留量。检票机的摆放对进出站客流的流线组织起着关键作用，它的布置应遵循：设置在付费区和非付费区的交界处；进站检票机应与售票机及楼、扶梯配合设置；出站检票机应与楼、扶梯及出入口配合设置；出站检票机和进站检票机应按规范规定的距离分开设置，使客流在付费区不交叉干扰、顺畅有序，无阻塞拥挤，以方便乘客进出站为基本原则。在设计检票机数量时，请注意相邻两台检票机可以形成一个通道。所以应先满足通道数量，再根据布置情况确定检票机的数量。

售票可分为人工售票、半人工售票及自动售票三种。人工售票与半人工售票亭的尺度相同。半人工售票的方式为人工收费找零、机器出票，售票机将作为主要售票设备。人工售票亭、自动售票机 N_1 计算公式如下：

$$N_1 = M_1K/m_1 \qquad\qquad (3-1-5)$$

式中：M_1——使用售票机的人数或上下行车的客流总数（按高峰小时计）；

　　　K——超高峰系数，选用 1.2~1.4；

　　　m_1——人工售票每小时售票能力或自动售票机每小时售票能力。

检票口数量 N_2 计算公式：

$$N_2 = M_2K/m_2 \qquad\qquad (3-1-6)$$

式中：M_2——高峰小时进站客流量（上下行）或出站客流量总量；

　　　K——超高峰系数，选用 1.2~1.4；

　　　m_2——检票机检票能力。

（六）屏蔽门

屏蔽门是安装于站台上，用以将站台区域与轨道区域隔离开来的一系列门组成的屏障。该系统沿地铁站台边缘安装设置，将列车与地铁站台候车室隔离开来，除了能防止人员跌落轨道，为乘客提供一个舒适、安全、美观的候车环境，提高地铁服务水平外，还能隔断区间隧道内热空气与车站内空调风之间的热交换，使车站成为一个独立的空调场所，以显著降低车站空调的运行能耗，同时减少列车运行噪声和活塞风对车站的影响。

1. 屏蔽门的分类

1）全高封闭式屏蔽门

全高封闭式屏蔽门适用于新建地铁地下车站以及需要对站台进行环境控制的地面和高架车站，如图 3-1-20 所示。

图 3-1-20　全高封闭式屏蔽门

2）半高敞开式安全门

半高敞开式安全门适用于地铁地下车站后期加装以及与自然环境相连的地面和高架车站，如图 3-1-21 所示。

2. 屏蔽门门体的组成

屏蔽门门体由滑动门、端门、应急门、固定门四大门体组成（见图 3-1-22、图 3-1-23），各门体介绍如下：

滑动门：每个门单元有两扇滑动门。每扇滑动门由门玻璃、门框、门吊挂连接板、门导靴、门缘橡胶密封条和手动解锁装置等组成。

图 3-1-21　半高敞开式安全门

端门：是在区间隧道火灾或故障时列车停在隧道内，乘客从列车端门下到隧道后疏散到站台的通道，也是车站人员进出隧道、进行维修的通道。端门由端门门玻璃、门框、闭门器、手动解锁装置和门锁等构成。

应急门：是列车进站停车后，列车门无法对准滑动门时的乘客疏散通道。此时乘客可通过推开应急门的手推杆从内侧打开应急门。

固定门：车站与区间隧道隔离和密封的屏障之一。固定门设置在滑动门与滑动门之间，滑动门与端门之间。

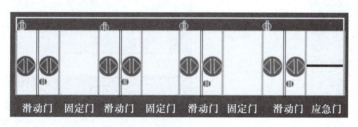

滑动门　固定门　滑动门　固定门　滑动门　固定门　滑动门　应急门

图 3-1-22　屏蔽门门体布置形式

图 3-1-23　屏蔽门门体各组成部分

（七）导向标志系统

导向标志系统需要按照车站进出站客流走向设置清晰、简洁、易懂的导向标志；需要在可能危及和影响乘客安全、行车安全的设备处设置警醒的警告标志；需要在不影响客流流通速度的位置设置详细、直观的服务信息标志。

导向标志系统按照其功能可以划分为导向标志、警告标志、服务信息标志三大类。

1. 导向标志

导向标志图形元素一般由图形、文字构成，经常用箭头符号作为辅助图形，强化方向感，指引前往目的地的前进方向。

常见导向标志包括列车运行方向、车站出入口方向、购票方向、进出站方向、换乘方向等，如图 3-1-24~图 3-1-27 所示。

图 3-1-24 出入口外导向标志

图 3-1-25 站厅售检票导向标志

图 3-1-26 站台乘车导向标志

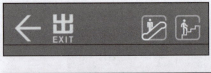

图 3-1-27 站厅出站导向标志

2. 警告标志

警告标志包括乘客禁止停留标志、乘客不能进入的区域、禁止吸烟、禁止操作等标志，如图 3-1-28 所示。

图 3-1-28　站台警告标志

3. 服务信息标志

服务信息标志包括地铁系统线路图、车站立体图、早晚开行时刻表、车站周边公共服务设施等标志，如图 3-1-29、图 3-1-30 所示。

图 3-1-29　车站立体图　　　　　　　　　图 3-1-30　车站周边信息图

（八）乘客信息系统

乘客信息系统（Passenger Information System，PIS），是依托多媒体网络技术，以计算机系统为核心，以车站和车载显示终端为媒介向乘客提供信息服务的系统。乘客信息系统由中心子系统、车站子系统、车载子系统和网络子系统组成。

乘客信息系统在常态下为旅客提供乘车须知、服务时间、列车到发时间、列车时刻表、管理者公告、政府公告、出行参考、股票信息、媒体新闻、赛事直播、广告等实时动态多媒体信息，如图 3-1-31 所示；在火灾、阻塞及恐怖袭击等非常态下，为旅客提供动态紧急疏散服务信息。

（九）消防系统

消防系统包括火灾自动报警系统、气体灭火系统、喷淋系统以及消防联动设备。

城市轨道车站消防系统按照车站公共区域、管理用房、设备用房以及轨行区隧道进行设备配置。在车站公共区域，设置易感知、易发现的触发器件。在乘客疏散通道设置隔烟防火设备以及喷淋系统。在设备用房内配置气体灭火系统。车站消防设备都通过火灾自动报警系统进行监控。

图 3-1-31　站台 PIS 显示列车到发时间

（十）环境与设备监控系统

环境与设备监控系统（BAS）是对地铁建筑物内的环境与空气调节、通风、给排水、照明、乘客导向、自动扶梯及电梯、屏蔽门、防淹门等建筑设备和系统进行集中监视、控制和管理的系统，其控制范围如图 3-1-32 所示。

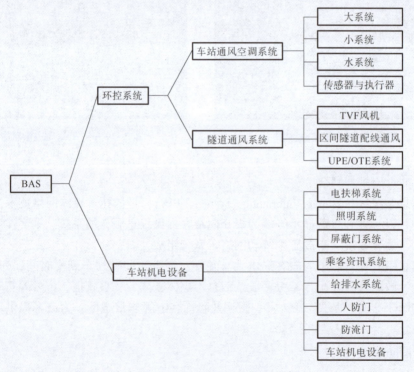

图 3-1-32　BAS 控制范围

（十一）照明系统

地下车站内终日不见自然光，因此地铁车站照明系统对于空间氛围的营造举足轻重。在灯光不足的黑暗环境中，眼睛无法清楚地辨识物体，但在过分明亮的光线之下也无法清楚地看事物。过强或过弱的照度及光源布置、选型的不恰当，都会引起乘客和工作人员不适的感觉，影响人的情绪、健康、安全及装饰效果。所以，在城市轨道交通车站中，分工作场合分别设置正常照明、应急照明、值班照明以及过渡照明。

【素质素养养成】

（1）在进行车站布局设计时，一定要养成严格按照车站布局原则进行设计的意识，要有讲原则、守规矩的规范意识。

（2）在进行车站布局设计过程中，需要从车站构成的 5 个部分——出入口、通道、站厅、站台、综合开发区综合考虑，要有整体意识、大局意识。

（3）在确定车站 AFC 设备数量过程中，既要考虑到 AFC 设备的数量需要最大限度地满足乘客的乘车需求，同时也要考虑企业进行设备配置所需的高额成本，要有以人为本、兼顾企业效益的意识。

（4）在进行车站站厅平面图绘制过程中，要求铺画准确，客流流线避免交叉，AFC 终端设备安排合理，符合以人为本的原则，要有严谨细致、专注负责的工作态度。

【任务分组】

学生任务分配表

班级		组号		指导教师	
组长		学号			
组员	姓名	学号		姓名	学号
任务分工					

【自主探学】

任务工作单 1

组号：_____　　　姓名：_____　　　学号：_____　　　检索号：3117-1

引导问题：

（1）请说出车站的类型及车站的作用。

_____

_____

_____

_____

（2）车站的组成部分是什么？各部分的功能是什么？

_____

_____

_____

_____

任务工作单 2

组号：_____　　姓名：_____　　学号：_____　　检索号：3117-2

引导问题：

（1）如何进行车站布局设计？描述站厅、站台正确的布局设计。

_____

_____

_____

_____

（2）如何确定车站 AFC 设备数量？

_____

_____

_____

_____

（3）如何绘制车站站厅平面图？

_____

_____

_____

（4）请编写完成设计方案，并绘制出车站站厅平面图。

序号	构成要素	设计方案

【合作研学】

任务工作单

组号：_____   姓名：_____   学号：_____   检索号：3118-1

引导问题：

（1）小组交流讨论，教师参与，形成正确的设计方案，以及正确的车站站厅平面图。

序号	构成要素	设计方案

（2）记录自己存在的不足。

_____

_____

_____

【展示赏学】

任务工作单

组号：_____   姓名：_____   学号：_____   检索号：3119-1

引导问题：

（1）每小组推荐一位小组长，汇报设计方案以及车站站厅平面图，借鉴每组经验，进一步优化方案，优化车站站厅平面图。

序号	构成要素	设计方案

（2）检讨自己的不足。

_____

_____

_____

【评价反馈】

任务二 车站日常客流组织

【任务描述】

城市轨道交通以其安全、快速、舒适、环保的优势成为越来越多市民出行的首选交通工具，随着城市轨道交通网络化的形成，轨道交通承担城市出行客流量的比例逐步增大，车站的进出站客流量会迅速增加，已建成车站的空间有限，与单位时间内因客流增加造成的车站可用空间不足形成矛盾，解决这一矛盾的有效手段就是合理地组织客流。客流组织是为实现乘客运送任务，组织乘客按照预先设定的路线有序、安全地流动所采取的应对措施。根据客流组织原则，绘制某地铁车站客流流线图（见图3-1-33），并根据此图分角色模拟车站客流组织。

【学习目标】

1. 知识目标
（1）掌握客流组织原则；
（2）掌握正常情况下的客流组织措施。

2. 能力目标
（1）能独立阐述乘客乘车流程及车站客流流线；
（2）能绘制正常情况下的客流流线图；
（3）能分角色完成正常情况下的车站客流组织演练。

3. 素质目标
（1）养成讲原则、守规矩的规范意识；
（2）养成严谨细致、专注负责的工作态度；
（3）养成以人为本、服务至上的意识；
（4）养成勤劳团结、安全优质的职业素养。

【任务分析】

1. 重点
进站、出站客流组织。

客流组织原则　　　　　进站客流组织　　　　　出站客流组织

2. 难点
（1）车站客流流线图绘制；
（2）分角色模拟车站客流组织。

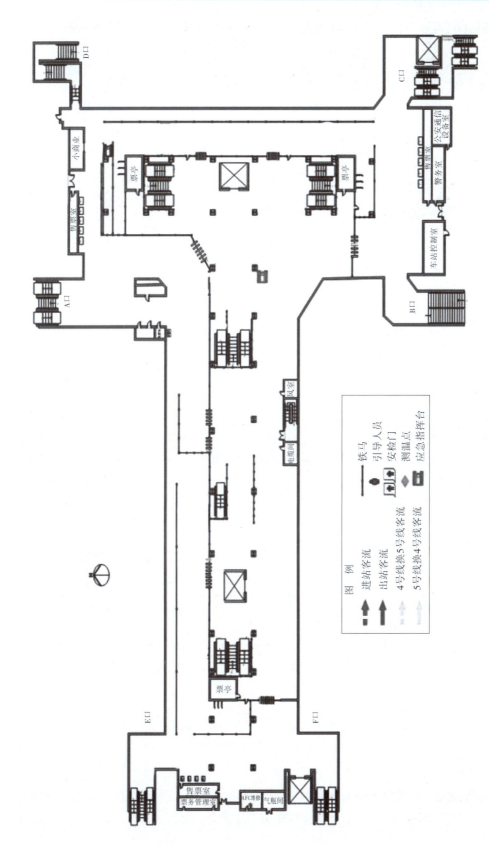

图 3-1-33 某地铁车站站厅日常客流组织及布岗图

智慧车站介绍　　智慧车站建设　　智慧车站功能　　智能客服中心
　　　　　　　　需求及内涵

智能导视系统　　智能 AFC 票卡处理　　自动售票机移动
　　　　　　　　　　　　　　　　　　　支付的应用

 【相关知识】

一、客流组织原则

1. 乘客乘车流程及流线

1）乘客乘车流程

按照乘客乘坐地铁在付费区与非付费区内的流程，将乘客乘车的流程分解为以下作业流程，如图 3-1-34 所示。乘客乘坐轨道基本的流程为：乘客从出入口进入车站后先到站厅层购票，然后在进站闸机处刷卡检票进入付费区，再到站台层候车，待列车到达后上车，到达目的车站下车，下车后从站台层到达站厅层，在站厅层出站闸机处检票出闸，通过导向标志指引选择正确的出入口出站。

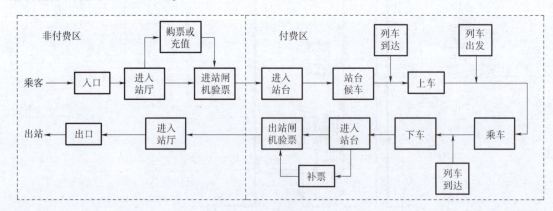

图 3-1-34　乘客乘车流程

2）车站客流流线

车站客流流线按照方向不同分为进站和出站两大流线，客流流线在普通车站比较有规律，但在城市综合交通枢纽如火车站等换乘车站则较复杂，客流流线的规划、疏解是车站客流组织的关键。

2. 客流组织原则

客流组织的核心是保证客流运送安全畅通，减少乘客出行等待时间，避免拥挤，并可以保证出现紧急情况时可以及时疏散。因此在进行客运组织时应特别考虑以下几个方面的原则：

（1）合理安排车站售检票、出入口及楼梯扶梯的位置，使行人流动路线简单明确，尽量减少客流交叉对流。

（2）完善车站内外乘客导向系统的设置，使乘客快速分流，减少客流聚集和过分拥挤。

（3）使乘客能够顺利地换乘其他交通工具。

（4）满足乘客换乘方便、安全、舒适的要求，如适宜的换乘步行距离，恶劣天气下的保护，全天候的连廊系统，对残疾人设置的无障碍通道，还有适宜的照明、开阔的视野等。

二、进站客流组织

1. 进站

乘客需要乘坐城市轨道交通，进站是第一步，在进站过程中，分析乘客需求，确定对应的客流组织措施。

1）乘客需求

（1）到达城市轨道交通车站方便、容易。

（2）城市轨道交通出入口容易找到。

（3）城市轨道交通导向系统指示明确、清晰、易懂。

2）客运设施设置要求

（1）出入口与其他交通方式换乘方便，换乘设施齐全、完善。

（2）城市轨道交通出入口导向标志醒目，在车站 500 m 范围内设置连续指引标志。

（3）出入口位置设置合理，方便乘客到达，将出入口与周边物业、设施相结合，吸引客流。

3）客流组织措施

组织引导乘客经出入口、楼梯、自动扶梯（或垂直电梯），通过通道进入车站站厅层非付费区。该部分客流组织的关键环节是出入口客流组织。地下车站出入口一般均设置电扶梯和楼梯，电扶梯的方向可以根据需要进行调整，当只有一部电扶梯时，一般将该部电扶梯调为向上方向，为出站乘客提供便利，避免出站乘客爬楼梯，并利于出站乘客快速疏散。楼梯根据宽度和该出入口客流大小设置相应的隔离栏杆。出入口客流组织应结合实际的客流大小情况，当车站设施能够满足客流需求时，采用正常的客流组织方法，各个出入口全部开放，进出站客流无须隔离分流，进出站乘客在楼梯上可混合行走。当出入口客流较大时，在出入口楼梯、通向站厅层的通道内设置分流隔离设施，确保进出站客流不相互干扰，不发生客流冲突。

对于经过通道与站厅连接的出入口，当客流较大时，可在通道内进行组织排队，当客流过大时，需采取在出入口限流，分批放行乘客进站或临时关闭出入口措施。在预测客流较大的出入口设置限流栏杆，通过限流栏杆可减缓乘客的进站速度，并便于限流措施的实施。

对于与商场、物业连接的出入口，应考虑客流组成和出行特征，当客流较大时，应根据双方协议与相关单位共同制定的措施组织客流。与商场物业结合的出入口通道需与接入物业方商谈确定出入口开关时组织乘客进站的注意事项及客流组织措施。

2. 购票

进入车站的乘客可以通过购买单程票或刷储值卡（一卡通）进入付费区乘车。单程票可以通过自动售票机或人工购买，储值卡可以通过自动售票机（TVM）或半自动售票机（BOM）充值。

1）乘客需求

（1）进入车站后能够较快买到单程票，购票等待时间短。

（2）自动售票机导向标志醒目。

（3）在购票过程中遇到问题（卡票、卡钱、兑零）能够较快处理。

2）客运设施设置要求

（1）在非付费区设置一定数量的自动售票机和票务中心（人工处理票卡、兑零），用于乘客购买单程票、处理票卡和兑换零钱。

（2）自动售票机、票务中心的位置、数量设置合理，处于乘客进站流线上。

3）组织措施

组织引导部分需要购买单程票的乘客到自动售票机、票亭的半自动售票机或临时票亭购票。购票客流组织的关键环节是通过合理导流设施设置，使乘客有序排队购票，并且购票队伍不影响正常进出站客流。

在自动售票机或票亭前组织乘客有序排队购票、充值，车站一般可利用导流带、铁马等隔离设施进行排队组织，排队方向应不影响其他正常乘客通行。当排队乘客较多时，可在站厅非付费区加开临时票亭（见图3-1-35），安排人工售卖预制单程票，同时需做好广播宣传和引导，分散将购票乘客。

图3-1-35 站厅非付费区的临时票亭

在组织自动售票机、临时票亭购票时，要尽可能充分利用各类售票点，使乘客分散购票，避免乘客大量集中于少量售票点处。当需要乘客排队购票时，可利用迂回隔离栏杆在站厅客流较少的空间组织乘客排队。

在单程票售票量较大的车站，运营前需将自动售票机票箱加满，运营期间通过车站级票务计算机实时监控自动售票机内票箱票卡数量，利用客流低峰时段，对车票较少的票箱进行填补，在票亭半自动售票机上预处理车票，高峰时就不用再更换票箱和预处理车票，减少对高峰期购票速度的影响。

3. 检票

乘客购票后，进站时需在检票机上进行检票进站，经过检票闸机检票后进入付费区，单程票和一卡通均需在检票机上刷卡。

1）乘客需求

（1）闸机位置明显且配有相应指引标志。

（2）闸机刷卡区域明确、清晰。

（3）能快速通过闸机。

2）客运设施设置要求

（1）设置合适数量的闸机，并将闸机设置在客流进站流线上，便于进站客流组织。

（2）闸机的通过能力与车站客流量匹配。

（3）闸机位置醒目，进站闸机指示明确。

3）组织措施

当乘客购票后，引导已购票乘客和持储值卡、计次票的乘客直接通过进站闸机刷卡检票进入付费区。

乘客刷卡进站时，应宣传指引乘客右手持卡（单程票），站在闸机通道外，排队按次序刷卡进闸。

对于无票乘客，引导其至自动售票机或半自动售票机前购票，再检票进闸。

当有大量乘客进闸时，车站需宣传组织进闸乘客有序进闸，防止乘客聚集在一起，出现争抢进闸现象，并且容易导致乘客误刷卡进不了站或出不了站的情况发生。

在乘客排队进闸过程中，队伍不得影响出闸乘客，排队不能阻挡出站客流，以确保出站乘客能够顺利出站。

对于持有大件行李的乘客，应引导其走宽通道闸机（见图3-1-36）或协助乘客将行李通过车站边门进入。

图3-1-36 宽通道闸机

对于携带儿童（无须购票）的乘客，应宣传引导儿童走在大人前面通过闸机或大人将儿童抱起通过闸机，避免闸机开关伤到小孩。

车站根据进出站客流实际情况，可对双向闸机的方向进行调整，以便于更好地组织客流，调整时需保证优先满足出站客流的需求，同时尽量减少进出站客流的交叉，提高客流组织效率。

4. 候车

乘客检票经过闸机后，进入付费区，到达站台候车。

1）乘客需求

（1）方便、快速到达站台候车。

（2）快速找到需要乘车的方向。

（3）清楚看到等待的即将到达的列车时间。

（4）站台候车过程中能够保证自身安全。

2）客运设施设置要求

（1）在付费区设置楼梯、自动扶梯，使乘客能够方便到达站台。

（2）站台上设置适量的座椅（见图3-1-37），让乘客耐心候车，便于体弱乘客休息。

图3-1-37　站台候车区

（3）安装屏蔽门，屏蔽门可以为乘客提供一个舒适的候车环境，能够保障乘客在站台的候车安全。

（4）采用自动广播系统和PIS，通过PIS显示屏可以看到下趟列车的到站时间。列车即将到站时，自动广播播放列车到站信息。

3）组织措施

乘客进入付费区后，通过导向标志（见图3-1-38）、告示、隔离栏杆等措施组织引导乘客通过楼梯、自动扶梯（垂直电梯）进入站台层候车，在地铁车站站厅层设置伸缩导流栏杆，引导进入付费区的乘客快速到达站台候车（对于新开通地铁试运营初期）。自动扶梯下方设置铁马导流，其作用一是可以避免乘客拥挤在电扶梯口，将乘客疏散引导至站台均匀候车，避免电扶梯处产生拥挤堵塞；二是防止乘客抢上抢下。

图 3-1-38　站台上方设置明确、醒目的列车运行方向（上行、下行）导向标志

乘客到达站台，通过导向标志与 PIS 指引乘客选择乘车方向和了解列车到站时间，为确保站台乘客候车安全，广播宣传组织乘客在安全区域候车。

站台设有屏蔽门，在列车到站之前，车站工作人员需提示乘客远离屏蔽门，不要越过安全区域，引导乘客在安全区域按箭头方向排队（若有屏蔽门故障，组织乘客到其他屏蔽门对应的安全区域处排队候车）。站台工作人员疏导聚集在一端的乘客到乘客较少的地方候车，关注乘客动态，提醒乘客不要倚靠屏蔽门。

对于没有屏蔽门的车站，应广播宣传"请乘客站在黄色安全线内候车，不要探身瞭望，以免发生危险"。

站台候车区域需加强安全管理，站台岗站务员工作中要加强站台巡视，注意候车乘客动态，若发现有可疑情况，如携带危险品危及乘客和行车安全的情况，必须及时处理和上报。站台无车时，站台岗要来回巡视站台，重点检查屏蔽门及端墙门状态、消防器材、电扶梯运转情况、轨行区（有无漏水、异物等），同时引导乘客到人数较少的地方候车，监控屏蔽门状态，发现屏蔽门异常动作等危及行车安全的情况时，站台工作人员立即按压紧急停车按钮并上报。

对于距楼梯边缘与站台边缘较近的区域，应尽量疏导乘客不要在此处滞留，保证足够的通行空间，防止此处拥挤发生意外事件。

当有乘客物品掉入轨行区时，要阻止乘客跳下站台捡拾物品，及时向乘客做好解释和安抚，并报告行调，经行调同意后使用专用工具（拾物钳）将物品从轨行区捡起后交予乘客。

5. 乘车

1）乘客需求

（1）列车运行平稳。

（2）车内不拥挤，整洁、舒适。

（3）了解列车运行及到站信息。

2）客运服务要求

（1）司机驾驶技术娴熟，驾驶平稳，对标准确。

（2）车内有轨道交通线路图。

（3）列车符合运行标准，车内灯光配置合理，座位舒适。

（4）列车广播信息及时准确。

3）组织措施

列车进站时，站台工作人员在紧急停车按钮处立岗接车。

列车停稳开门乘客乘降时，站台工作人员在扶梯口或楼梯口等人较多的地方，提醒乘客先下后上，注意脚下安全，迅速疏导下车乘客出站。

列车关门时（关门提示铃响、提示灯闪烁），站台工作人员及时阻止乘客抢上抢下，劝告乘客等待下次列车，防止车门、屏蔽门夹伤乘客或影响列车导致晚点，加强瞭望，及时处理突发事件。

列车关闭车门、屏蔽门后，要观察车门、屏蔽门的关闭状况，当发现车门、屏蔽门未正常关闭时，若由乘客或物品被车门夹住引起，应呼叫司机，重新开启车门、屏蔽门后，将乘客所夹物品取出，若为车门、屏蔽门本身设备故障，则按照相应屏蔽门应急处理程序处理。

列车关门动车时，站台工作人员需在紧急停车按钮处立岗，目送列车出站，在列车出站过程中，发现危及行车安全的异常时，站台工作人员立即按压紧急停车按钮，呼叫司机并报车控室。

三、出站客流组织

1. 下车

1）乘客需求

（1）列车广播报清站名，提醒乘客到站下车。

（2）下车后站台站名标示清楚。

（3）上站厅付费区的楼梯、扶梯、垂直电梯以及通道指示清楚。

2）客运服务设施要求

（1）保证广播使所有乘客都能听清楚，按时维护。

（2）在站台上明确标清站名及其标志，供乘客确认到站。

（3）设置楼梯、通道等的指示牌。

3）组织措施

列车开门后站台站务员监督引导乘客在规定的时间内有序上下车，对于下错车的乘客应引导其再次正确乘车；对于需要换乘的乘客，应耐心解答其问题，正确引导换乘。

乘客下车到达车站站台，组织引导其经楼梯自动扶梯等设施进入站厅层付费区。

2. 出闸

乘客乘坐轨道交通工具下车后，需要在站厅验票出闸。

1）乘客需求

（1）出站闸机指示清楚，容易找到。

（2）不同出闸方向对应的出入口及周边信息清楚。

（3）出站验票手续简单。

（4）出站验票遇到票卡问题能够快速处理。

2）客运设施设置要求

（1）出站闸机的设置位置需结合出入口方向、乘客出站流线设置。

（2）出站导向标志清晰，易判断出站方向。

（3）在出站闸机附近设置票务中心（见图3-1-39），用于处理出站票卡问题，包括车费不足、无效票或无票乘车等问题。

（4）闸机上的出站验票刷卡、投卡标志需清晰、醒目。

图3-1-39　出站闸机旁的票务中心

3）组织措施

在乘客下车到达站台后，组织引导乘客通过楼梯、自动扶梯（或垂直电梯）进入站厅层付费区。

站厅层付费区设有导向标志，付费区出站导向标志提示各出入口周边环境建筑设施、道路信息，乘客根据出站指引导向标志，选择正确的出闸方向，通过出站闸机验票出闸。当乘客使用一卡通时，指导乘客右手持卡，在闸机通道外刷卡出闸；当乘客使用单程票时，指导乘客右手持票，将车票投入回收口，验票通过闸机。当大量乘客集中出闸时，要组织乘客有序出闸，必要时可采用限流措施减缓出站速度，避免多人争抢出闸造成卡票、误刷卡等情况，对进闸客流与出闸客流共用区域的车站，应减小进站客流对出站客流的负面影响，优先保证出站客流快速、顺畅出站。

当乘客不能正常出闸时，组织引导车票车资不足、无效车票或无票乘车的乘客到票亭办理相关乘客事务，待乘客办理完毕后方可组织出闸。

3. 出站

乘客验票出闸后，通过出入口离开车站。

1）乘客需求

（1）能够快速找到出站目的地对应的出入口。

（2）出站后方便换乘其他交通方式到达目的地。

（3）出站后易到达大型办公、商业、娱乐场所。

2）客运服务设置要求

（1）出入口导向标志醒目，站内有各出入口通向地面周边设施的导向说明，如图3-1-40所示。

（2）出入口靠近公交车站。

（3）车站在不同街区设置出入口，允许出入口兼作过街隧道或天桥。

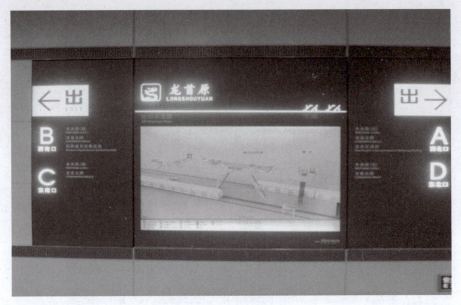

图 3-1-40　出站导向

3）组织措施

乘客通过出站闸机（单程票出闸时将其回收）或人工检票出闸（人工回收），进入站厅层非付费区，站厅层非付费区设有导向标志（各个出入口周边道路、大型建筑设施、单位），通过导向标志或人工问询服务组织乘客找到所要到达目的地的出入口，经通道、出入口楼梯、自动扶梯（或垂直电梯）出站。出站客流组织应坚持尽快疏散乘客出站为原则，防止出站与进站客流产生明显对冲和交叉，为使乘客较快疏散和方便乘客出站，出入口电扶梯一般调为向上方向。为防止出站口及出站通道内人员滞留影响正常疏散，在出入口上方及通道避免摆摊、宣传等活动，车站工作人员需定期巡视检查，发现通道及出入口有摆摊、宣传、卖艺等人员时及时驱赶出车站，如有不听劝阻者则报告地铁执法部门或地铁公安。

> **小贴士**
>
> ### 智慧车站
>
> 结合西安地铁5号线、6号线初阶智慧车站的实施情况，对智慧车站较常规车站的新增功能进行全面的梳理和说明。西安地铁智慧车站新增功能紧密围绕和响应客运组织、设备运管、乘客服务和人员管理四大业务板块。
>
> 一、面向客运组织的新增功能
>
> **1. 数据可视化显示**
>
> 利用数据可视化技术，统一展示和应用智慧车站的相关功能，向用户提供有针对性的展示和交互服务，提升运营效率。智慧车站综合运管平台人机界面见图3-1-41。

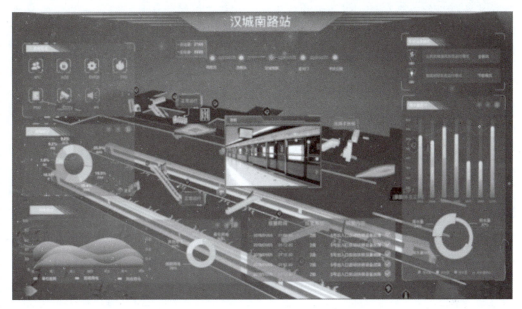

图 3-1-41 智慧车站综合运管平台人机界面

2. 智能视频分析

通过对视频监控画面进行智能化分析，实现对自动扶梯运行状态、旅客异常行为、车站客流密度、异常事件等的有效判别，其结果可与其他来源的数据进行综合分析，得出对某类事件的判定结果，为用户提供不同场景的应用。

3. 客流实时采集及分析

在智慧车站公共区，利用先进的客流采集技术，包括 AFC 闸机实时采集技术、手机嗅探技术和智能视频分析技术等，获取立体化的客流数据，实现对乘客出行时空轨迹的精准化识别。在综合运管平台软件层将其转化为多种客流情况的统计分析和应用，从而提升运营安全和效率。

4. 车站场景联动

结合运管工作职责和流程，在综合运管平台上开发高度自动化的场景联动功能，包括车站唤醒、车站休眠、高峰大客流、乘客服务、节能运行等多种场景。以早间车站唤醒场景为例，场景联动方案按以下步骤顺序执行：启动车站环控系统早间运行模式；启动车站公共区工作照明模式；切换 CCTV 监视各出入口视频图像；启动 PA 系统播放开站信息；开启 PIS 各显示屏；远程下发站台门开关自检指令并接收反馈；远程下发 AFC 终端自检指令并接收反馈；远程下发车站电扶梯投入运营指令；远程开启出入口防盗卷帘门。

二、面向设备运管的新增功能

1. 能源管理功能

在智慧车站的 35 kV 柜、牵引配电柜、低压 0.4 kV 配电柜、通风空调电控柜内设置多功能电表；在市政给水总管、卫生间给水总管等处设置远传水表；综合运管平台对上述功能数据进行统计分析，以指标化的形式展现能源数据和信息，分析出异常的能源消耗；同时，优化车站水系统、风系统的控制策略，从而达到最佳平衡点，实现通风空调系统节能减排的目的。

2. 环境监控功能

在公共区设置空气质量传感器，在公共卫生间内设置异味传感器、烟味传感器，在出入口及风亭室处设置照度传感器、雨量传感器，与气象局对接，获取中短期气象预测信息。综合运管平台利用环境实时监测数据和气象预测信息，联动对应的通风、照明模式，或及时提示站务人员。

3. 车站管家功能

智慧车站新增的车站管家功能包括：维修支持和BIM可视化分析。维修支持功能是指除了基础的监视车站受控对象的运行状态和故障报警信息外，还采用趋势诊断和寿命诊断等大数据算法，对部分机电设备，如扶梯、水泵等设备提供健康度分析和状态预警功能。另外，车站管家具备基于BIM的可视化的位置数据信息系统以及室内定位系统，可实现多种场景的智慧化管理，如通过可视化信息进行故障点预警位置定位、站内巡检路径规划及导航等。

三、面向乘客服务的新增功能

1. 一体化智能客服中心

将传统票亭替换为开放式的一体化客服中心，集成乘客自助终端、票房售票机、生物识别（人脸、掌静脉等）注册终端，可由乘客自助操作，满足付费区、非付费区乘客不同的服务需求。乘客能够自助操作或应用智能语音技术，按设定的票务规则处理车票，包括车票（含多元化票种）的分析、无效更新、网络支付、非现金充值、延期和交易查询等。

乘客能够通过自助操作实现咨询服务，如线网地图、列车运营时间、票价表、站内导航、换乘查询、地铁商业、地铁周边地理信息查询等。智能客服中心设置人工呼叫装置，在线网客服中心建成之前，暂使用车控室内综合运管平台实现人工客服功能。

2. 移动式客服终端

站务员随身携带移动式客服终端，实现常见的乘客事务的快速在线/离线处理，如车票（含多元化票种）的分析、更新、延期等，同时可实现站务员或稽查人员对乘客的检查和检票。移动式客服终端可通过站内专用无线局域网进行音视频对讲，用于站务员之间的工作联络。

3. 智能咨询终端

基于多媒体技术的智能咨询终端由乘客自助操作实现信息咨询和引导功能，通过智能语音或乘客自助操作实现站内导航、换乘指导、运营时刻、线网地图、票价体系、周边环境与公交接驳等信息的自动应答。根据地铁的实际情况显示车站内及车站外的相关信息，包括出入口信息、卫生间信息、售检票设备、自助客服设备、无障碍设施信息、公交线路、重要建筑、银行、便利店、一卡通充值点等。在紧急情况下，智能咨询终端能够快速接收控制中心或车站综合监控工作站发布的紧急信息。

四、面向人员管理的新增功能

1. 车站工作人员管理

智慧车站综合运管平台实现智能化排班、电子化任务表单，利用无线单兵手机 App 软件和覆盖整个车站的无线网络接入系统，对车站内站务人员、保洁人员、维保人员等工作人员进行定位管理。

2. 委外人员管理

在车控室内和指定出入口设置人脸与身份证件统一性识别装置，结合出入口的摄像头视频分析结果，认证并记录委外人员或施工人员的出入信息，进行数字化管理，降低安全隐患，同时免去人工登记、人工开门的工作量。

3. 巡更管理

在既有的门禁系统上增加在线巡更功能，在巡更位置增设读卡器，在正常工作模式和离线模式下可自定义巡更路线和排班规则；同时具备电子巡更模式，利用调取、轮询被巡视区域的视频摄像头，辅助以视频分析，实现部分区域的自动巡更功能。

【素质素养养成】

（1）在汇报车站乘客乘车流程及车站客流流线的过程中，要养成按照车站客流组织原则进行阐述的意识，要有讲原则、守规矩的规范意识。

（2）在绘制车站客流流线的过程中，要求铺画准确，优化乘车路径，减少进出站客流流线交叉，符合以人为本、服务至上的原则，要有认真负责、精益求精的工作态度。

（3）在进行车站客流组织演练过程中，要求分角色团队协作，符合以人为本、安全优质、服务至上的原则，要有吃苦耐劳、精益求精的工作态度。

【任务分组】

学生任务分配表

班级		组号		指导教师	
组长		学号			
组员	姓名	学号		姓名	学号
任务分工					

【自主探学】

任务工作单 1

组号：_____　　　姓名：_____　　　学号：_____　　　检索号：3127-1

引导问题：

（1）请说出乘客的乘车流程是什么，车站客流流线有哪些。

_____

_____

_____

_____

（2）车站客流组织的原则是什么？

_____

_____

_____

_____

_____

任务工作单 2

组号：_____　　　姓名：_____　　　学号：_____　　　检索号：3127-2

引导问题：

（1）如何进行进站客流组织？

_____

_____

_____

_____

（2）如何进行出站客流组织？

_____

_____

_____

_____

（3）请绘制出车站日常客流流线图，并将绘制过程中遇到的问题写出来。

_____

_____

_____

_____

_____

【合作研学】

任务工作单

组号：_____　　姓名：_____　　学号：_____　　检索号：3128-1

引导问题：

（1）小组交流讨论，教师参与，形成正确的车站客流流线图。

（2）记录自己存在的不足。

_____

_____

_____

_____

【展示赏学】

任务工作单

组号：_____　　姓名：_____　　学号：_____　　检索号：3129-1

引导问题：

（1）每小组推荐一位小组长，汇报车站客流流线图，借鉴每组经验，进一步优化车站客流流线图。

（2）检讨自己的不足。

_____

_____

_____

_____

【评价反馈】

任务三　车站换乘客流组织

【任务描述】

换乘站一般客流比较大，同时客流流线复杂，客流组织相对于其他车站较为复杂。换乘站根据不同的换乘方式在客流组织管理上应注意采用不同的方法，总的客流组织原则是：组织好换乘客流，缩短换乘路径，减少换乘客流与进出站客流的交叉、干扰。根据换乘客流组织原则，绘制某地铁车站换乘客流流线图（见图3-1-42与图3-1-43），并根据两图分角色模拟车站换乘客流组织。

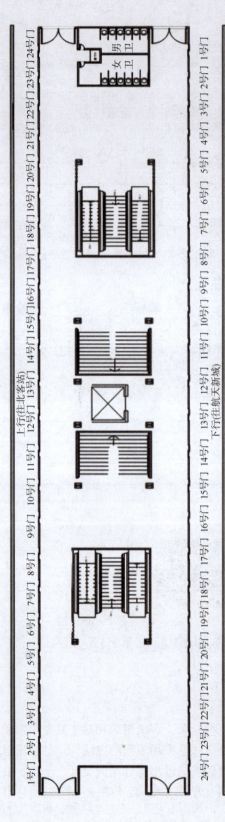

图 3-1-42 4号线站台日常客流组织及布岗图

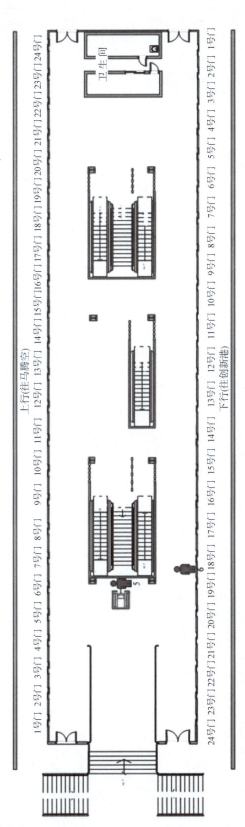

图3-1-43 5号线站台日常客流组织及布岗图

　　西安地铁建筑科技大学·李家村站位于雁塔北路与友谊东路的交叉路口处，为线路中间站，也是 4 号线与 4 号线的换乘站，换乘方式呈"T"形换乘。东西走向为 5 号线站厅，南北走向为 4 号线站厅，站台分为上下两层，4 号线站台中部两侧楼梯可直达 5 号线站台，设计为单向换乘。车站共 6 个出入口，如表 3-1-1 所示。

表 3-1-1　乘客换乘流线说明

项目	乘客 4 号线换乘 5 号线流线	乘客 5 号线换乘 4 号线流线
文字说明	乘客由 4 号线下车后，沿 4 号线站台通往 5 号线站台的换乘通道，前往 5 号线站台，完成换乘	1. 乘客由 5 号线下车后沿通往 4 号线站厅的楼/扶梯前往 4 号线站厅。 2. 至 4 号线站厅后，通过 4 号线楼/扶梯进入 4 号线站台，完成换乘
图形说明	乘客下车 → 4号线站台 → 4换5换乘通道 → 5号线站台 → 乘客上车	乘客下车 → 5号线站台 → 5号线楼/扶梯 → 5号线站厅 → 5换4换厅 → 进入4号线站厅 → 4号线楼/扶梯 → 4号线站台 → 乘客上车

【学习目标】

1. 知识目标

（1）掌握换乘客流组织原则；

（2）掌握换乘方式的类型；

（3）掌握换乘客流组织措施。

2. 能力目标

（1）能独立阐述不同换乘方式的特点；

（2）能绘制换乘客流流线图；

（3）能分角色完成车站换乘客流组织演练。

3. 素质目标

（1）养成讲原则、守规矩的规范意识；

（2）养成严谨细致、专注负责的工作态度；

（3）养成以人为本、服务至上的意识；

（4）养成勤劳团结、安全优质的职业素养。

【任务分析】

1. 重点

换乘方式的类型。

换乘客流组织	同站台换乘	上下层站台换乘	站厅换乘

通道换乘	站外换乘	动画——西安北站换乘

2. 难点

（1）车站换乘客流流线图绘制；

（2）分角色模拟车站换乘客流组织。

【相关知识】

一、换乘方式分类

换乘是指乘客从城市轨道交通一条线路换乘至另一条线路或换乘至其他交通方式。

（一）按照换乘是否需要出站划分

1. 付费区换乘

乘客到达换乘站下车后，无须通过出站闸机，直接在付费区内根据换乘导向标志指引经楼梯、自动扶梯（或垂直电梯）、换乘通道或换乘平台等到达另一站台层换乘候车。付费区换乘一般包括同站台平面换乘、站台立体换乘及通道换乘。这种换乘组织要求有良好的导向标志和通道设计，在容易出错的地点安排工作人员引导，保证乘客尤其是初乘者安全顺利完成换乘，在客流组织措施中还应尽量避免换乘客流与进出站客流产生对冲和交叉。

2. 非付费区换乘

乘客到达换乘站下车后，根据换乘导向标志指引，经楼梯、自动扶梯（或垂直电梯）到达站厅层付费区，通过出站闸机进入非付费区或出站，到另一线路重新进入付费区或进站换乘。这种换乘组织需要最大限度缩短乘客的走行距离及良好的衔接引导标志，并且避免这部分客流与其他客流的交叉干扰。该种换乘形式需要出闸并再次购票进站，换乘手续烦琐、耗时较长，一般较少采用，因线网规划不合理或后期线网改造等情况需要采用此类换乘形式时，在换乘沿线设置醒目、合理的导向标志至关重要。

（二）按照换乘设备划分

按照换乘设备不同，可分为站台换乘、站厅换乘、通道换乘、站外换乘和组合式换乘，如图 3-1-44 所示。

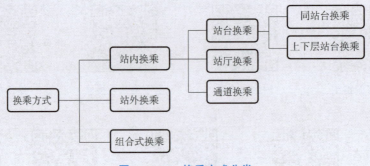

图 3-1-44　换乘方式分类

1. 站台换乘

站台换乘有两种方式：同站台换乘和上下层站台换乘。

1）同站台换乘

同站台换乘（见图 3-1-45、图 3-1-46）指两条不同线路的站线分设在同一站台的两侧，乘客可同站台换乘。这种换乘方式适用于两条平行交织的线路，为方便客流组织宜采用岛式站台设计，要求站台能够满足换乘高峰客流量的需要，乘客无须换乘行走，换乘时间最短，但换乘方向受限。在所有换乘方式中，同站台换乘的换乘能力最大，适用于优势方向换乘客流较大的情形。这种换乘方式的主要制约因素是站台的宽度与列车行车间隔，因此客流的合理组织还与站台宽度及列车行车间隔密切相关。

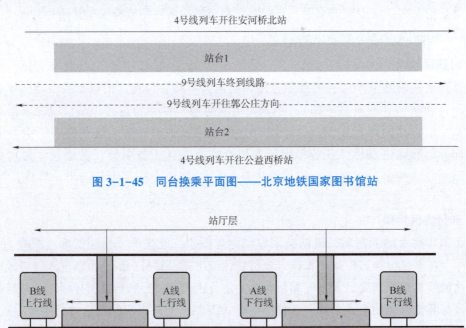

图 3-1-45　同台换乘平面图——北京地铁国家图书馆站

图 3-1-46　同台换乘断面图

2）上下层站台换乘

上下层站台换乘是指乘客由一个站台通过楼梯或自动扶梯到另一站台直接换乘，适合两换乘线路相互交叉的情况。根据地铁线路交叉的情况及两车站的位置，可形成站台与站台的

"一"字形换乘、"L"形换乘、"T"形换乘、"工"字形换乘和"十"字形换乘等模式。

（1）"一"字形换乘：两个车站上下重叠设置则构成"一"字形组合。站台上下对应，双层设置，便于布置楼梯、自动扶梯，换乘方便，如图 3-1-47 所示。

（2）"L"形换乘：两个车站上下立交，车站端部相互连接，在平面上构成"L"形组合，如图 3-1-48 所示。

（3）"T"形换乘：两个车站上下立交，其中一个车站的端部与另一个车站的中部相连接，在平面上构成"T"形组合，如图 3-1-49 所示。

（4）"工"字形换乘：两个车站在同一水平面平行设置时，通过天桥或地道换乘，在平面上构成"工"字形组合，如图 3-1-50 所示。

（5）"十"字形换乘：两个车站中部相立交，在平面上构成"十"字形组合，如图 3-1-51 所示。"十"字形换乘示意图如图 3-1-52 所示。

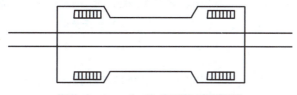

图 3-1-47 "一"字形换乘平面图

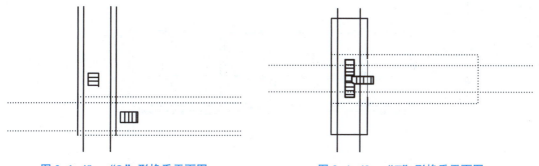

图 3-1-48 "L"形换乘平面图　　　图 3-1-49 "T"形换乘平面图

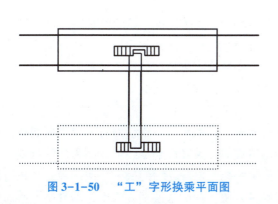

图 3-1-50 "工"字形换乘平面图　　　图 3-1-51 "十"字形换乘平面图

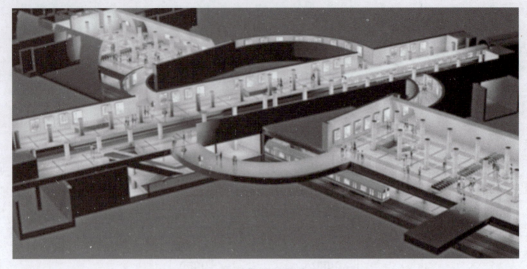

图 3-1-52 "十"字形换乘示意图

2. 站厅换乘

站厅换乘（见图 3-1-53）是指乘客由一个站台通过楼梯或自动扶梯到达另一个车站的站厅或两站共用站厅，再通过站厅前往另一站台乘车的换乘方式。站厅换乘一般用于相交车站的换乘，换乘距离比站台直接换乘要长。若换乘过程中需要进出收费区，检票口的能力将成为制约因素。

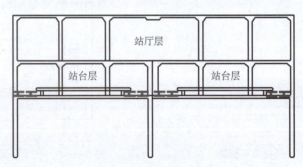

图 3-1-53 站厅换乘

3. 通道换乘

通道换乘（见图 3-1-54）是指在两个或几个单独设置车站之间设置联络通道等换乘设施，方便乘客完成换乘的方式。通道可直接连接两个站台，这种方式换乘距离较近，换乘时间较短；通道还可连接两个站厅收费区，这种方式换乘距离相对较远，换乘时间较长。一般情况下，换乘通道长度不宜过长，换乘通道的宽度可根据客流状况加宽。

4. 站外换乘客流组织

站外换乘是指乘客在车站付费区以外进行换乘，换乘至另一条线路时需要重新购票，此种换乘方式往往是客观条件不允许或设计不当造成的。乘客换乘路线可分割为出站行走、站外行走及进站行走。该换乘方式需要在站外换乘路线上设置连续的换乘导向标志，并在沿途道路上搭建遮风避雨的顶棚，为乘客尽可能提供方便。在所有换乘方式中，站外换乘所需的换乘时间和换乘距离最长，给乘客的换乘带来很大不便，应尽量避免。

图 3-1-54　通道换乘

5. 组合式换乘

组合式换乘是上述两种及以上换乘方式组合而成的一种换乘方式，实践中往往是几种换乘方式的组合，以便使所有换乘方向的乘客均能实现换乘。例如，同站台换乘方式辅以站厅或通道换乘，就可使所有换乘方向都能换乘。组合式换乘可提高换乘通过能力，具有比较大的灵活性。

二、换乘车站客流组织原则

（1）随时掌握客流变化规律，经常统计分析客流量，监视客流的骤变，同时密切注视乘客的安全状况。

（2）合理设计乘客流动路线，在站台、楼梯、大厅处尽量减少客流交叉和对流，并设计标线，要求乘客在楼梯和扶梯上有序上下。

（3）在客流容易混行的区域，如大厅或楼梯等处，需设置必要的安全线或栅栏隔离，以免流向不同的乘客互相干扰。

（4）引导乘客在换乘通道内单向流动，以免双方向大客流相互冲击。

（5）完善统一导向标志系统，准确快速地分散客流，避免乘客交叉聚集和拥挤。

（6）应尽量为乘客提供方便，缩短进出站、换乘的时间及距离。

（7）应有站内空气、温度调节设备，并设置无障碍通道。

（8）应建立完善的突发事件应急客流组织和统一的调度指挥系统。

三、换乘车站客流组织的优化

1. 客流组织运行效率的优化

换乘行走距离、换乘时间、干扰度和便捷度指标可以通过物理切割法、提高流速法和源头控制法来优化。

1）物理切割法

物理切割法可以将进出站客流和换乘客流在空间上进行分割，以减少对冲点。减少对冲点可以降低干扰度以及换乘时间，使换乘方案更优。物理切割法可以借助移动围栏或其他设施将客流在平面上进行空间隔离，从而理顺换乘车站内各方向客流的行走秩序，解决乘客行走习惯与车站布局的矛盾。开辟新的换乘通道也可以视为物理切割法的一种。

2）提高流速法

提高流速法是指通过选用最短路径来提高乘客的行走速度，相对地降低乘客对车站设施、设备的占用时间，从而提高设备利用率和流线的流动速度。此外，也可以利用站务人员、车站公安人员维持各站台和通道秩序，避免乘客长时间逗留，从而保持各区域的畅通无阻。以上措施可以优化各评价指标。

3）源头控制法

源头控制法是通过控制各种流线的流量以疏解流线交叉，减少客流对冲的可能性。车站协调组织各线运营计划，依据各线高峰时段客流量制定各方向列车到发点，应尽量避免不同方向列车同时到达，以杜绝乘客密集到达，缩短乘客换乘时间，提高舒适性和安全性。

2. 内部设施布局的优化

内部设施布局可以通过功能布局优化法和引导法来优化。

1）功能布局优化法

功能布局优化法是通过调整自动售检票机及客服中心的位置来形成合理的布局。在优化过程中，结合车站运营的合理化管理和方便乘客出行的要求，进行 AFC 设备布局的设计和调整。乘客到达车站是一个随机过程，可根据乘客分布规律，设置合理数量的售检票机及其位置，使乘客平均排队长度和等待时间在可以接受的范围内，并满足高峰时段客流通过的要求。另外，自动检票机的合理布局还能起到延时作用，减轻客流对其后设施（如楼梯、自动扶梯等）的通行压力。售检票区域的布置要以保持客流快速畅通为原则，其组织布局应遵循：售检票机位置与出入口、楼梯间应保持一定距离；保持售检票机前空间宽敞，避免大客流时排队乘客与过闸机客流的对冲；售检票机应根据出入口数量相对集中布置；尽量避免客流的对冲；提高检票设施的灵活性，保证紧急情况下的检票能力；设置专门的售票设施及绿色通道，将行动不便的乘客及残障乘客与其他客流分离开，以保证各流线的有序、高效流动。

2）引导法

引导法主要指依靠服务信息和导向标志对客流进行引导。由于换乘车站衔接方向较多，应根据客流流向的需求，合理设置导向设备的位置，通过对进站客流、出站客流、换乘客流的明确指引，保证客流的顺畅流动。

> **小贴士**
>
> ### 换乘车站客流组织
>
> 一、车站概况
>
> **（一）东单站地理位置**
>
> 东单站是北京地铁 1 号线、5 号线的换乘站，位于东单路口，4 个出入口分别位于东单十字路口各角。该站东侧为沿街商户、信远大厦、光彩大厦等写字楼，西侧为东单体育中心、东方广场、协和医院、沿街商户。该站邻近王府井大街、东单北大街、东长

安街、建国门内大街、崇文门内大街等多条主要街道，各出入口处共有近20条公交线路，人流密集（见图3-1-55）。

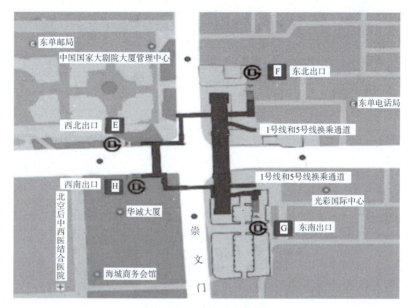

图3-1-55 东单站地理位置图

（二）车站类型及换乘方式

东单站为地下车站，属于有道岔的设备集中车站，可实现折返功能，是5号线与1号线换乘车站。该站为双层结构车站，是地下端头厅式车站，岛式站台。地下一层为站厅层，有E（西北口）、F（东北口）、G（东南口）、H（西南口）4个出入口分别接入站厅层南北两侧。其中，E口与H口的出入口在地下通道连接，与1号线地铁T形换乘。地下二层为站台层，西侧西站台为下行（开往宋家庄方向）站台，东侧东站台为上行（开往天通苑北方向）站台。

换乘客流为东单站主要客流，早高峰期间5号线换乘1号线客流较大，晚高峰期间1号线换乘5号线客流较大。对于车站各节点部位通过能力而言，换乘通道内扶梯及楼梯部位通过能力负荷度较高，基本达到满荷状态，导致早晚高峰期间南北换乘通道内较为拥挤。

二、乘客乘降流程及客流流线

（一）乘客乘降流程

（1）进站流程：地面出入口→扶梯设施→通道→非付费区→车站→站台。

（2）出站流程：乘客到达目的车站→站台→通道→站厅付费区→非付费区→出入口→出站。

（3）换乘流程：站台→扶梯设施→站厅→换乘通道→换乘车站站厅→站台。

（二）客流流线

东单站的客流流线如图3-1-56所示。

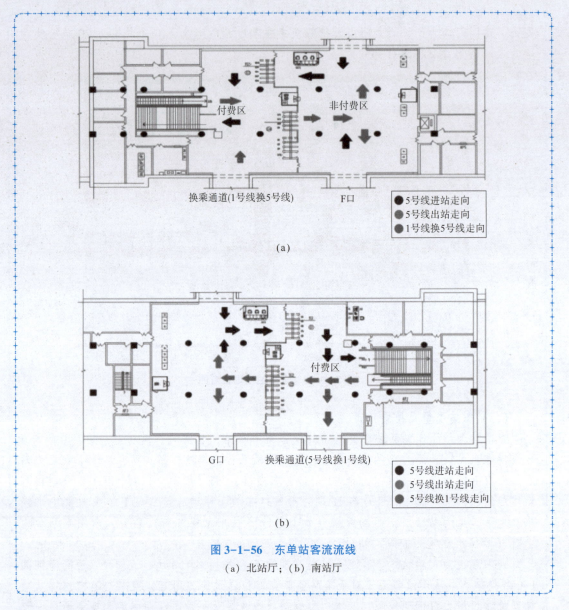

图 3-1-56　东单站客流流线

（a）北站厅；（b）南站厅

【素质素养养成】

（1）在汇报换乘车站客流流线过程中，要养成按照换乘车站客流组织原则进行阐述的意识，要有讲原则、守规矩的规范意识。

（2）在绘制车站换乘客流流线过程中，要求铺画准确，优化乘车路径，减少进出站客流流线交叉，符合以人为本、服务至上的原则，要有认真负责、精益求精的工作态度。

（3）在进行换乘车站客流组织演练过程中，要求分角色团队协作，符合以人为本、安全优质、服务至上的原则，要有吃苦耐劳、精益求精的工作态度。

【任务分组】

学生任务分配表

班级		组号		指导教师	
组长		学号			
组员	姓名	学号	姓名		学号
任务分工					

【自主探学】

任务工作单 1

组号：_____ 姓名：_____ 学号：_____ 检索号：3137-1

引导问题：

（1）城市轨道交通换乘方式有哪些？

_____

_____

_____

_____

（2）换乘车站客流组织的原则是什么？

_____

_____

_____

_____

任务工作单 2

组号：_____ 姓名：_____ 学号：_____ 检索号：3137-2

引导问题：

（1）如何进行换乘站客流组织优化？

_____

_____

_____

_____

（2）请绘制出换乘车站客流流线图，并将绘制过程中遇到的问题写出来。

_____

_____

_____

_____

_____

【合作研学】

任务工作单

组号：_____   姓名：_____   学号：_____   检索号：3138-1

引导问题：

（1）小组交流讨论，教师参与，形成正确的车站换乘客流流线图。

（2）记录自己存在的不足。

_____

_____

_____

【展示赏学】

任务工作单

组号：_____   姓名：_____   学号：_____   检索号：3139-1

引导问题：

（1）每小组推荐一位小组长，汇报车站换乘客流流线图，借鉴每组经验，进一步优化车站换乘客流流线图。

（2）检讨自己的不足。

_____

_____

_____

【评价反馈】

项目二 城市轨道交通车站大客流组织

【项目描述】

城市轨道交通线路的走向一般是客流集中的交通走廊，连接着重要的客流集散点，如火车站、汽车站、航空港、航运港等交通枢纽，大型商业场所、体育场、会展中心、大剧院等活动中心以及规模较大的住宅区等。因此，这些车站可能会不定期遇到大客流。为了保证乘客的安全和正常的运营秩序，这些车站在客流组织方面应有计划地做出应对大客流的预案，合理使用应对大客流的措施，这在一定程度上还可以弥补硬件设施的不足。

任务一 车站大客流组织

【任务描述】

根据车站大客流监测预警确定车站客流控制措施，利用思维导图完成车站大客流组织演练方案的制定，并分角色模拟车站大客流组织。

【学习目标】

1. 知识目标
（1）掌握大客流组织的影响因素；
（2）掌握大客流的组织原则。

2. 能力目标
（1）能制定大客流的组织措施；
（2）能制定大客流组织演练方案；
（3）能分角色完成大客流组织演练。

3. 素质目标
（1）养成讲原则、守规矩的规范意识；
（2）养成系统观念和全局意识；
（3）养成一丝不苟、精益求精的工作态度；
（4）养成精准控制、分秒必争的职业素养。

【任务分析】

1. 重点
大客流组织的影响因素。

大客流的含义

大客流的分类

大客流的影响因素

大客流的组织原则

2. 难点

（1）大客流的三级控制方法；

大客流组织——站控

大客流组织——线控

大客流组织——网控

（2）大客流的组织措施。

可预见性大客流组织

大客流组织之铁马摆放

大客流组织应急预案的编制

车站停电的处理

列车服务延误应急处置

地铁公交接驳应急处置

【相关知识】

一、大客流认知

（一）大客流的概念

大客流是指在某一时段集中到达，客流量超过车站正常客运设施或客运组织措施所能承受的流量时的客流。

大客流主要表现：非常拥挤或极度拥挤，乘客流动速度明显减缓，客流交叉干扰严重，对乘客正常的出行造成不利影响，对运营安全造成威胁。

（二）大客流的分类

1. 按大客流形成特点分类

根据车站大客流形成特点，可将大客流分为可预见性大客流和不可预见性大客流。

1）可预见性大客流

可预见性大客流是指通过搜集信息、总结历史客流数据，可以提前预知的大客流。一般来说，大客流出现的时间是有规律可循的，如每天由于通勤原因引起的早晚高峰：大城市上班高峰在 7:30—9:30；下班高峰在 17:30—19:30。同时还应预见外界因素引起的大客流，如节假日伴随的旅游高峰期，举办重大活动，风雨雪等恶劣天气情况，都可以引起大客流的增加。另外，大客流出现的地点也是可预见的，例如与其他交通方式相连接的地铁站，如火车站、大型汽车站、地铁换乘站、与地铁沿线景点和商业中心相连接的车站。

2）不可预见性大客流

不可预见性大客流也称突发性大客流。突发性大客流是指提前无法预测，临时突然产生的大客流，使车站候车、滞留的乘客人数接近或达到车站设施的设计容量，以及超过线路输送能力的情形。这种客流一般无规律可循，客流量的上升呈无序和突发的特点。天气突变、地铁延误或车站发生大面积停电、车站附近举行临时性大型活动等原因都会引起突发性大客流。

2. 按大客流产生的影响和后果分类

根据可能对运营秩序、乘客安全、财产损失等造成的影响程度大小，大客流按从小到大顺序分为三级。

1）三级大客流

车站出入口、站厅、站台等任一区域出现拥堵，持续 10 min 未能缓解，且站台出现乘客滞留，连续 2 趟不能上车，对车站正常运营组织造成一定影响的情况。

2）二级大客流

车站出入口、站厅、站台等任一区域出现拥堵，持续 15 min 未能缓解，且站台出现大量乘客滞留，连续 3 趟不能上车，对车站运营组织造成较大影响，可能造成较大运营安全风险的情况。

3）一级大客流

车站出入口、站厅、站台等任一区域出现拥堵，持续 20 min 未能缓解，且站台出现大量乘客滞留，连续 4 趟不能上车，对车站运营组织造成重大影响，可能造成重大运营安全风险的情况。

（三）大客流的影响因素

1. 大客流产生原因

1）可预见性大客流产生原因

（1）节假日大客流：主要指在国家法定的元旦、春节、清明节、劳动节、端午节、中秋节、国庆节假期期间市民出行及游客旅游等造成城市轨道交通车站客流普遍大幅上升。此类大客流可以提前通过历史数据及相关信息预测得到。另外还需对节假日的以下特征进行分析：此次节假日客流与以往节假日客流的不同之处；重点车站的客流特点；对外枢纽车站的乘客乘降特点，如与火车站直接换乘的地铁车站外地乘客较多，对售检票设备不熟悉，在自动售票机、进出闸机前等候时间较长，容易造成站厅客流聚集；国家政策、票价政策及其他宏观政策对客流流量流向的影响。

节假日大客流的特点：元旦假期短，与国庆节、春节假期较为接近，游客数量不会对地铁的客流变化产生太大影响，但市民出行、购物会造成商业区附近的车站产生较大客流，同时其他车站的客流也会比平常有所上升，将会造成列车比较拥挤。春节假期较长，节前大批外地劳务人员返乡，对火车站、长途汽车站附近的地铁车站造成较大冲击，节后又有大批人员返城务工，再次对相应地铁车站造成大冲击，但春节期间的客流会相对稳定，不会有太大影响。劳动节、国庆节旅游、购物外出游客较多，大批游客的到来以及市民在节假日期间出行购物、休闲等会使地铁的客流大幅上升，特别是位于商业区或旅游景点附近的车站，客流的冲击会很大。

（2）大型活动大客流：主要指由于地铁沿线附近举行大型活动（包括节假日期间举行的大型活动），在活动结束后大量的乘客在较短时间内涌入地铁车站乘车，造成车站客流迅速上升，此类大客流可以通过活动举办方了解到相关信息。

大型活动大客流的特点：地铁沿线附近举行大型活动入场前和活动结束散场时，在短时间内会有大批的乘客涌入附近的地铁站，给活动附近的地铁站造成很大压力。此类活动多在周末、节假日举行，所产生的大客流的时间、规模等特点可以预见，影响范围较小，通常对该活动地点附近的车站影响较大。

（3）恶劣天气大客流：主要指由于大雨、雪等恶劣天气对地面交通造成影响，较多的市民乘坐地铁或进入地铁车站避雨、雪，造成地铁各个车站客流比平时有所上升，此类大客流可以通过天气预报提前了解到信息。

恶劣天气大客流的特点：在出现大雨、雪等恶劣天气时，地面交通受到较大影响，很多市民会改乘地铁，造成车站客流普遍增大。此类客流对某个车站的冲击不会太大，但列车会比较拥挤，乘客上下车比较困难。

2）不可预见性大客流产生原因

不可预见性大客流也称突发性大客流。突发性大客流的显著特点是它的规模、时间长短等无法提前预测，无法进行充分的准备，根据客流规模启动相应级别的应急预案进行应对。

（1）车站周边临时组织大型活动，主要指地铁沿线附近临时组织大型活动，这些大型活动提前没有获得或无法获得相关信息，在短时间内有大量乘客涌入地铁车站乘车，造成车站客流迅速上升。

（2）天气突变，主要指天气发生突变，无法通过天气预报准确预报，如天气在短时间内突然变为暴雨、冰雹、大风等恶劣天气。因地面交通受到恶劣天气的影响，在短时间内会有大量乘客转乘地铁，造成车站的客流突然急剧增大。

（3）车站发生乘客群体上访、闹事等恶性事件，主要指因某方面原因，车站发生乘客群体上访、闹事等恶性事件，导致某地铁车站的客流在短时间内突然上升。

（4）地铁设备设施故障，主要是指因地铁设备设施故障，如列车故障、信号故障导致列车运行间隔较大，地铁车站的乘客不能按照正常进行疏散，会引起车站的突发性大客流。

（5）地铁发生紧急事故，主要指地铁车站发生火灾、大面积停电等事故，车站等待乘坐地铁的乘客和下车乘客均需在短时间内疏散，造成地铁车站发生大客流。

2. 大客流组织的影响因素

1）列车输送能力

列车输送能力是车站大客流组织的主要影响因素，而影响列车输送能力的两大因素则是行车间隔和列车载客量。列车行车间隔越小，列车容量越大，运输能力就越接近最大值，此时，若车辆满载率越高，对车站客流组织的压力就越大。

2）自动售检票设备的通过能力

自动售检票设备的能力越大，对大客流组织工作的影响就越小，可根据需要灵活开放和关闭一定数量的设备。

3）站厅的面积

根据城市轨道交通客流组织经验，站厅容纳率一般为 $2\sim3$ 人/m^2。

4）站台的面积

站台主要供列车停靠时乘客上下车使用，站台的设计应满足远期预测客流的需要，且站台宽度应满足高峰小时客流量的需要。根据客流组织的经验，站台容纳率一般为 $2\sim3$ 人/m^2。

5）楼梯与通道的通过能力

地铁设计规范规定，楼梯的宽度不小于 1.8 m，通道的最小宽度不应小于 2.5 m。根据设计规范的要求，单向行走时楼梯的通过能力一般按 70 人/min（下行）、63 人/min（上行）及 53 人/min（混行）计算。若采用自动扶梯，通行能力可达 $100\sim120$ 人/min。通道的通行能力则按每米 88 人/min（单向）、70 人/min（双向）计算。

6）车站出入口及通道的设置

车站出入口的数量已经在设计之初确定，一般不能改变。车站大客流组织应根据进出站客流的方向和数量，灵活选择关闭和开放车站出入口的数量和位置，同时可以改变或限定通道内乘客的流向，达到限制乘客进站数量和速度的目的。

二、大客流的组织原则

1. 统一指挥

由运营控制中心（Operating Control Center，OCC）成立应急指挥小组统一指挥，一般由各部门指定人员组成，大客流一旦产生，应急指挥小组则自动成立。

2. 逐级负责

控制中心、站长、值班站长、行值、客值、站务各负其责，OCC 负责地铁线路的客流组织工作，车站的客流组织由站长和值班站长负责，值班员和站务员各自负责责任范围内的工作。

3. 分级控制

客流控制应遵循"由内至外，由下至上"的原则，按照站台、付费区、非付费区分级控制。

三、大客流的组织措施

（一）大客流的组织措施

1. 增加列车运能

可以根据预测客流量，提前编制大客流特殊情况下的列车运行图，保证运能。一般可根据大客流的方向，利用就近的折返线、存车线增开临时列车，个别区段增开短交路列车等，从而保证最大限度地把乘客送出。

2. 增加售检票能力

售检票能力是大客流疏散的主要障碍，车站在设置售检票位置时应考虑提供疏散大客流的通道。当大客流发生时，可以事先做好相应的票务服务准备工作，包括售检票设备的准备，车票和零钞的准备，临时售票厅的准备。大客流发生前，应事先对车站全部售检票设备进行维护、检修，确保在大客流发生时售检票设备能正常使用。

同时，车站应结合以往大客流所消耗的车票及零钞数预测所需要的数量，在大客流发生前向票务部门申领。车站可以根据大客流的进出主要方向，选择在进站客流较集中的位置设置临时售票厅。

3. 进站大客流组织

（1）当站台还能容纳和承受更大客流时，可采取以下措施：

① 增加售检票能力，可在地面、站厅增设临时售票点，或增加自动售票机设备的投入。

② 加开进站方向的闸机。

③ 加开通往站台方向的扶手电梯。

④ 适当延长列车停站时间。做好乘客引导工作，在保证安全的前提下，争取让更多的乘客上车。

（2）当站台不能容纳和承受更大客流时，可采取以下措施：

① 暂停或减缓售票速度，关闭部分自动售票机。

② 暂时关闭局部或全部进站方向闸机。

③ 更改扶手电梯方向，将部分或全部扶手电梯调整为向站厅层及出口方向运行，延缓乘客进站速度。

④ 适当延长列车停站时间，争取让更多的乘客上车。

⑤ 采取进出分流导向措施，将部分出入口设置成只能出不能进，限制乘客进入，延长站台层大客流的疏散时间。可在公安人员的帮助下关闭出入口，暂停客运服务，安排人员到出入口做好乘客服务解释工作，并张贴车站关闭的通告。

4. 出站大客流组织

出站大客流组织工作的指导思想是保证乘客出站线路的畅通，加快出站速度，使其安全、快捷、有序地离开车站。可采取以下措施：

（1）更改扶手电梯方向，将部分或全部扶手电梯调整为向站厅层及出口方向运行，加快出站速度。

（2）将部分或全部双向闸机更改为出站方向，减轻出站闸机处的排队情况。

（3）当出站乘客排队过长导致付费区拥挤时，可采取打开边门人工回收单程票，增加手持读卡器、扫码器扫码出站的方式放行乘客，尽量要求乘客刷卡出站。

（4）紧急情况时，可将闸机设置成出站免检模式、紧急放行模式等。

5. 换乘大客流组织

当发生换乘大客流时，按照"先控制进闸，后控制换乘"的原则进行客运组织，主要方法如下：

（1）依照车站客运组织方式，在站台楼/扶梯口设置导流铁马或伸缩栏杆，引导乘客至人少的区域排队候车，并防止乘客直接冲门。

（2）通过调整楼梯、自动扶梯方向减轻站台压力。

（3）若换入线路站台容纳能力已饱和，根据空间情况可采取站厅绕行、分批放行等方式控制进入站台的客流量。

（4）向行调申请大客流来源方向列车跳停本站。

6. 临时疏导措施

（1）车站出入口、站厅层的疏导。根据临时售检票位置的设置，来引导限制客流的方向。临时售检票位置宜设置在站外、站厅层较空旷的位置，应为排队购票的乘客留出充分的空间，确保通道的畅通。

（2）电扶梯以及站台层的疏导。为了尽量保证客流均匀地上下扶梯和尽快上车，保证站台候车的安全，站务人员应在靠近楼/扶梯处站岗并分散在站台前中后部疏导乘客。采用设置临时导向标志、设置警戒绳或隔离栏杆、人工引导或广播宣传引导等疏导方式。

（二）大客流三级控制

当车站遭遇特大客流时，应遵循由下至上、由内至外的人潮控制原则，分别从站台、闸机、出入口三个控制点进行客流控制。

第一级控制站台客流，控制点设在站厅与站台的楼梯（电扶梯）口处，站务人员应分散在站台的各部，维持候车、出站秩序，协助驾驶员开关车门，确保乘客安全上下车。第二级控制付费区客流，控制点在进站闸机处，站务人员确保进站有序、快捷，及时处理票务问题。第三级控制非付费区客流，控制点在车站出入口处，可在站外设置迂回的限流隔离栏杆，延长进站时间，最大限度缓解站台层客流压力。

四、大客流组织的实施

1. 可预见性大客流组织

（1）形成指挥机构，集中领导，发挥客流组织整体指挥作用。因为大客流组织关系到城市轨道运营企业的各个部门，客运部门负责各个车站的现场客流组织和客运服务，设施维修部门负责提供设备设施运转保障，其他部门提供后勤、物资等相关保障，在指挥机构统一协调组织下，大客流组织工作将会更加高效、全面开展。一般视大客流预测规模，成立城市轨道交通运营企业相关领导牵头组成的领导小组，并设置客运部门牵头的现场指挥小组。

（2）周密部署，做好充足的大客流组织准备工作。做好充足的准备工作是应对节假日、大型活动大客流的必要前提。在可预见性大客流来临前期，应做好的准备工作具体包括：编制大客流组织方案，开展专项安全检查，客流组织备品的补充与调配，开展大客流组织方案培训和演练。其中编制大客流组织方案最重要。客流组织方案主要内容包括：客流预测及客流特征分析，车站设备设施运输能力分析、人员安排（包括具体地点、职责、上班时间、携带备品等）、备品准备及需求、各级客流控制具体措施、票务组织措施等。

2. 不可预见性大客流组织办法

突发性大客流组织办法按照城市轨道交通企业制定的《突发性大客流应急预案》处理，轨道交通企业定期需开展应急演练，确保人员熟练掌握突发性大客流应急处理程序。突发性大客流组织措施如下：

（1）成立组织机构，发生大客流后，指挥机构自然成立。

（2）对突发性大客流进行监测预警。

由城市轨道交通各车站对现场进行实时监测，发现有大客流发生的趋势要积极采取预防措施，并向 OCC 汇报；控制中心也可根据中央监控系统时刻关注现场客流动向，接到或是通过监控系统发现有大客流发生趋势时，要及时上报公司领导。

按照地铁大客流发展趋势，将大客流预警级别分为一般、一级、二级、三级预警。

一般预警，主要体现为车站售票能力不足，每台自动售票机前排队购票人数较多，同时还不断有乘客涌进，准备进行购票，站台候车乘客可以保持顺畅流动，站台压力较小，有大客流发展趋势。

一级预警，主要体现为地铁站台候车乘客拥挤，人员流动缓慢，同时同方向连续2列车进站时仅有少量乘客能够上车，站台乘客仍有增加的趋势，站台压力较大。

二级预警，主要体现为站台乘客拥挤，同方向连续2列车进站后，仅有少量乘客能够上车，同时站厅乘客不断聚多，全部自动售票机前排队购票人数较多，人员流动缓慢，站台、站厅压力都很大。

三级预警，主要体现为站台、站厅人员爆满，同方向连续2列车通过都无法缓解站台压力，出入口乘客越来越多，人员流动性较差。

（3）突发大客流应急处置。

突发大客流应急处置根据预警级别分别采取先期处置，实施一级客流控制、二级客流控制和三级客流控制。

先期处置：当出现大客流迹象时，车站要及时掌握产生的原因、规模，预计可能持续的时间；值班站长向站长、部门领导、控制中心进行信息报告；站台岗时刻关注进入站台乘客动态，做好站台客流疏导，避免人流在楼/扶梯口处过多聚集。

① 一级客流控制。控制时机：当车站站台乘客较拥挤，同方向连续2列车经过后站台还有大量乘客滞留上不了车，并且还有持续不断的乘客进入站台时。应对措施：撤除临时兑零点，减少售票点，减缓售票速度；在站厅与站台的楼梯（或电扶梯）口做好限流措施，将站厅与站台之间的扶梯改为向上方向，维护好上下站台乘客秩序，避免上下站台客流产生交叉、堵塞通道及发生踩踏事件；若还不能控制，现场采用设置隔离围栏、警戒绳等措施在站厅通向站台楼梯口进行拦截乘客，分批向站台放行乘客；加强站台巡视，做好宣传，维护站台乘客的安全；加强广播宣传，稳定乘客情绪，必要时在站台摆放或张贴宣传告示。

② 二级客流控制。控制时机：当车站站台及站厅付费区都较为拥挤，采取一级客流控制措施后，还有持续不断的乘客通过闸机进入付费区，站厅付费区乘客滞留时间超过5 min不能下到站台，站厅付费区乘客严重影响到站台向上的出站乘客时。应对措施：组织车站人员维持秩序，撤除兑零点，关闭部分或全部 TVM，减缓售票速度；值班站长及时按照现场处置工作负责人的命令组织当班员工疏导站台、站厅付费区客流，增派人员到站台、站厅维持候车秩序，利用广播宣传，注意站台乘客的候车动态；向行调请求加开客车运送站台的乘客；在进站闸机处，关闭部分或全部进站闸机，将双向闸机设置为只出不进模式，通过现场情况可采用在闸机通道外设置栏杆的形式拦截乘客进入付费区，维护好上下站台及进出付费区乘客秩序，避免上下站台客流及进出付费区客流产生交叉、堵塞通道及发生踩踏事件；根据付费区内客流减缓情况分批放行非付费区客流进入付费区，并适时调整售票速度；根据站台客流减缓情况分批放行站厅付费区客流进入站台；站厅、站台客流控制时要注意留有足够的缓冲区；加强站台、站厅巡视，做好宣传，维护车站乘客的安全；加强广播宣传，稳定乘客情绪，在站台、站厅摆放或张贴宣传告示。

③ 三级客流控制。控制时机：当车站站台及站厅都较为拥挤，采取二级客流控制措施

后，还有持续不断的乘客通过出入口进入站厅，站厅非付费区乘客滞留时间超过 10 min 不能购票进闸，站厅非付费区、付费区乘客严重影响到出站客流时。应对措施：维护好上下站台、进出付费区及进出出入口的乘客秩序，避免进站客流与出站客流产生严重交叉、堵塞通道及发生踩踏事件；加强站台、站厅及出入口巡视，做好宣传，维护车站乘客的安全；加强广播宣传，稳定乘客情绪，在站台、站厅及出入口摆放或张贴宣传告示；控制进入车站乘客人数，在站外设置迂回的限流隔离栏杆，延长进站时间，或组织乘客排队分批进站；采取出入口分流，一部分只出不进，另一部分只进不出，有必要时可选择关闭部分出入口，最大限度缓解站厅及站台客流压力；出入口根据站厅客流减缓情况分批放行出入口外客流进入站厅非付费区，适时开关 TVM、闸机，施行或取消票务中心预制票售卖，调整售票速度；根据站台客流减缓情况分批放行站厅付费区客流进入站台。

> **小贴士**
>
> ### 西安地铁大客流应对措施
>
> 2024 年 5 月 6 日凌晨，随着西安地铁 2 号线最后一班加开列车出清站台，西安市轨道集团圆满完成了"五一"小长假的运输保障任务。2024 年"五一"假期（4 月 30 日至 5 月 5 日），西安地铁平安运送乘客达 2 652.6 万人次，日均客运量为 442.1 万人次，较 2023 年同期（420.4 万人次/日）增长 5.2%，线网运行图兑现率 100%，列车正点率 99.9%。其中，4 月 30 日至 5 月 2 日连续三日地铁单日客运量超 470 万人次。
>
> 针对"五一"假期多重客流叠加的特点，西安市轨道集团提前谋划，通过制定假期专项运营方案、采用节日特殊运行图、优化峰期设置、延长服务时间、增开备用车、精准投放运力等措施，全面保障乘客安全有序出行。节日期间共开行列车 26 830 列次，日均开行列车 4 471 列次。
>
> "五一"假期前一天，古城西安活力涌动，市民游客出行热情高涨，在多重客流的带动影响下，4 月 30 日西安地铁单日客运量再创新高，平安运送市民乘客达 491.7 万人次，较历史最高客流（2024 年 4 月 3 日 486 万人次）增加 5.7 万人次，增长率为 1.2%。"五一"期间，大雁塔站、西安站、纺织城站、永宁门站、广济街站等多座车站客流均创下历史新高。
>
> 为做好"五一"假期的应急协调工作，西安市轨道集团持续与高铁指挥中心、属地派出所、国铁车站、长途汽车客运站及临近景区等多家单位做好沟通联动，为市民乘客提供更加可靠的运输保障。同时，加强各车站节日期间的客流疏导和安全保障工作，在闸机、扶梯、站台等重点位置做好分流和引导工作，疏导快速进出站，节日期间共投入运营保障 8 000 余人次，全力确保设施设备运转良好、客运组织平稳有序。
>
> "五一"小长假期间，地铁人在平凡岗位践行着服务初心，用心守护每一位乘客的安全出发和顺利抵达。

【素质素养养成】

（1）在进行车站大客流组织过程中，要按照车站大客流组织原则进行，要有讲原则、守规矩的规范意识。

（2）在确定车站大客流组织措施过程中，需要从行车、客运、票务等各个方面综合考虑，要有系统观念和全局意识。

（3）在制定车站大客流组织演练方案过程中，要求演练步骤清晰，岗位布设合理，减少客流流线的交叉，要有一丝不苟、精益求精的工作态度。

（4）在进行车站大客流组织演练过程中，要求分角色团队协作，符合安全第一、服务至上的原则，在面对车站大客流组织时要具有精准控制、分秒必争的职业素养。

【任务分组】

学生任务分配表

班级		组号		指导教师	
组长		学号			
组员	姓名	学号		姓名	学号
任务分工					

【自主探学】

任务工作单 1

组号：_____   姓名：_____   学号：_____   检索号：3217-1

引导问题：

（1）请说出大客流的含义和分类。

_____

_____

（2）大客流组织的影响因素有哪些？

_____

_____

_____

（3）大客流组织的原则是什么？

_____

_____

_____

_____

任务工作单 2

组号：_____　　　姓名：_____　　　学号：_____　　　检索号：3217-2

引导问题：

（1）如何进行进站大客流组织？

_____

_____

_____

_____

（2）如何进行出站大客流组织？

_____

_____

_____

_____

（3）请根据车站大客流监测预警制定车站客流控制措施，并完成大客流组织实训演练方案（以思维导图呈现）。

客流控制级别	控制时机	控制措施
先期处置	车站售票能力不足，每台自动售票机前排队购票人数较多，同时还不断有乘客涌进，准备进行购票，站台候车乘客可以保持顺畅流动，站台压力较小，有大客流发展趋势	
一级控制	当车站站台乘客较拥挤，同方向连续 2 列车经过后站台还有大量乘客滞留上不了车，并且还有持续不断的乘客进入站台	
二级控制	站厅付费区乘客滞留时间超过 5 min 不能下到站台，站厅付费区乘客严重影响到站台向上的出站乘客	
三级控制	站厅非付费区乘客滞留时间超过 10 min 不能购票进闸，站厅非付费区、付费区乘客严重影响到出站客流	

【合作研学】

任务工作单

组号：_____　　　姓名：_____　　　学号：_____　　　检索号：3218-1

引导问题：

（1）小组交流讨论，教师参与，形成正确的大客流组织措施和大客流组织实训演练方案。

客流控制级别	控制时机	控制措施
先期处置	车站售票能力不足，每台自动售票机前排队购票人数较多，同时还不断有乘客涌进，准备进行购票，站台候车乘客可以保持顺畅流动，站台压力较小，有大客流发展趋势	
一级控制	当车站站台乘客较拥挤，同方向连续 2 列车经过后站台还有大量乘客滞留上不了车，并且还有持续不断的乘客进入站台	

续表

客流控制级别	控制时机	控制措施
二级控制	站厅付费区乘客滞留时间超过 5 min 不能下到站台，站厅付费区乘客严重影响到站台向上的出站乘客	
三级控制	站厅非付费区乘客滞留时间超过 10 min 不能购票进闸，站厅非付费区、付费区乘客严重影响到出站客流	

（2）记录自己存在的不足。

_____

_____

_____

【展示赏学】

任务工作单

组号：_____　　姓名：_____　　学号：_____　　检索号：3219-1

引导问题：

（1）每小组推荐一位小组长，汇报车站大客流组织措施和实训演练报告。借鉴每组经验，进一步优化车站大客流组织措施和大客流组织实训演练方案。

客流控制级别	控制时机	控制措施
先期处置	车站售票能力不足，每台自动售票机前排队购票人数较多，同时还不断有乘客涌进，准备进行购票，站台候车乘客可以保持顺畅流动，站台压力较小，有大客流发展趋势	
一级控制	当车站站台乘客较拥挤，同方向连续 2 列车经过后站台还有大量乘客滞留上不了车，并且还有持续不断的乘客进入站台	
二级控制	站厅付费区乘客滞留时间超过 5 min 不能下到站台，站厅付费区乘客严重影响到站台向上的出站乘客	
三级控制	站厅非付费区乘客滞留时间超过 10 min 不能购票进闸，站厅非付费区、付费区乘客严重影响到出站客流	

（2）检讨自己的不足。

_____

_____

_____

【评价反馈】

任务二　车站极端大客流组织

【任务描述】

根据车站极端大客流控制措施启动条件确定车站极端大客流控制措施，利用思维导图完成车站极端大客流组织演练方案的制定，并分角色模拟车站极端大客流组织。

【学习目标】

1. 知识目标
（1）掌握极端客流下客流控制措施启动条件；
（2）掌握极端大客流的控制措施。

2. 能力目标
（1）能制定极端大客流的组织措施；
（2）能制定极端大客流组织演练方案；
（3）能分角色完成极端大客流组织演练。

3. 素质目标
（1）养成严谨细致、专注负责的工作态度；
（2）养成讲原则、守规矩的规范意识；
（3）养成安全第一、服务至上的意识；
（4）养成精准控制、分秒必争的职业素养。

【任务分析】

1. 重点
极端客流下客流控制措施启动条件。

车站突发大客流—客值

车站突发大客流—行值

车站突发大客流—值班站长

车站突发大客流—站厅巡视员

2. 难点
（1）客流控制站控、线控、网控措施；
（2）极端大客流的组织措施。

【相关知识】

一、极端大客流组织

1. 极端大客流时车站现场情况

非付费区：车站所有出入口进站乘客增加，车站采取出入口控制后站外排长队没有缓解。

付费区站厅：换乘客流持续增加，换乘通道前往站台的楼/扶梯口处拥堵且无缓解迹象。

付费区站台：站台滞留人数持续增加，每个门排队超过25人，且排队队尾即将到达对面侧站台的站台门处。

换乘通道：换乘通道乘客持续增加。

极端客流下客流控制措施启动对应情况如表3-2-1所示。

表3-2-1 极端客流下客流控制措施启动对应情况

极端客流情况	控制措施	启动标准				
		站厅乘客标准线	站台候车乘客标准线	换乘通道/平台客流标准线	单个站台门前排队人数	乘客连续几趟无法上车
单线信号、行车故障导致行车大间隔20 min以上	越站	到达一级大客流警戒线	到达一级大客流警戒线	到达二级大客流警戒线	30人	2趟车
	公交接驳	到达一级大客流警戒线	到达一级大客流警戒线	到达二级大客流警戒线	30人	2趟车
	关站、清客	到达一级大客流警戒线	到达一级大客流警戒线	到达一级大客流警戒线	35人	4趟车
恶劣天气	越站	到达一级大客流警戒线	到达一级大客流警戒线	到达二级大客流警戒线	30人	2趟车
	公交接驳	到达一级大客流警戒线	到达一级大客流警戒线	到达二级大客流警戒线	30人	2趟车
	关站、清客	到达一级大客流警戒线	到达一级大客流警戒线	到达一级大客流警戒线	35人	4趟车

三级大客流：车站出入口、站厅、站台等任一区域出现拥堵，持续10 min未能缓解；

二级大客流：车站出入口、站厅、站台等任一区域出现拥堵，持续15 min未能缓解；

一级大客流：车站出入口、站厅、站台等任一区域出现拥堵，持续20 min未能缓解。

2. 车站极端大客流时采取的客流组织措施

（1）车站人员采取了大客流控制措施但客流仍未缓解时，经客运部经理同意后，及时启动二级大客流响应，向行调申请对应线路的线控，如果换乘站双线路均大客流，则两条线路均申请。

（2）达到极端大客流条件时，车站人员立即在站厅处进行客流动态控制，各区域负责人互相做好联控，在列车即将进站时分批次进行放行，确保每趟车都能有效地进行载客服务。同时联系驻站民警、工班进行协助，及时打开出入口CCTV显示器，如遇出入口限流，结合显示器向乘客做好客运服务工作，确保车站客运组织工作平稳有序。

（3）当车站启动线控以及换乘分批次放行后，车站站台候车人数并未减少，且任意一条线路换乘客流堆积人数严重，即将站台占满或站厅换乘队伍排至站厅一半以上时，车站需要向行调申请相应线路下车乘客较多方向的列车越站并组织乘客向站外疏散，同时将出入口限流升级为全部出入口只出不进。

（4）客流控制期间，如果车站发生了应急事件，如踩踏、某侧线路长时间故障、停电等特殊事件，及时向行调申请关站，立即组织工作人员拉开应急铁马，车控室按压闸机释放按钮，组织站内乘客向外疏散。

3. 线控、停梯、越站的时机标准

当某地铁线路车站早高峰期间客流较大，车站通过站控措施无法缓解时，可以通过线控措施来缓解。线控指某线路车站采取客流控制措施限制进站乘客人数，缓解该线路大客流车站的客流压力，均衡各站进站客流，有效分配线路运输能力的组织行为。通过线控措施控制前方站进站人数的方式，降低列车到达本站前的满载率，以满足大客流车站客运组织的要求，此时，将大客流车站称为"主控站"，协助客流管控的车站称为"辅控站"。车站线控、停梯、越站的时机标准如表 3-2-2 所示。

表 3-2-2 车站线控、停梯、越站的时机标准

项目	时机标准
三级线控	站台列车出清后，每个车门处仍然滞留 20 人以上时，有乘客连续 2 趟不能上车，本站及时启动线控。 采取的措施： ① 安排人员携带客服备品至站厅楼梯、进出闸机、自动售票机、站台等重点区域引导乘客，维持秩序，盯控现场情况； ② 视情况改变站台至站厅电扶梯方向； ③ 在安检处及站厅摆放绕行铁马进行限流，减缓乘客进站换乘速度； ④ 向行调申请本站通过列车增加停时； ⑤ 关闭部分进站闸机，减缓乘客进站速度； ⑥ 开放部分出站闸机，回收单程票，加快乘客出站疏散速度； ⑦ 在车站物业结合口采取只出不进的控制措施； ⑧ 根据站内客流密集程度及时向电力及防灾调度申请增加新风量； ⑨ 播放车站大客流广播
二级线控	站厅、换乘通道拥堵持续 15 min 未能缓解，且站台出现大量乘客滞留，连续 3 趟不能上车。 采取的措施： ① 出入口组织限流，部分出入口采取只出不进控制，减缓乘客进站速度； ② 向行调申请加开； ③ 关闭 C 出口物业结合口
一级线控	站厅、换乘通道拥堵持续 20 min 未能缓解，且站台出现大量乘客滞留，连续 4 趟不能上车。 采取的措施： ① 关闭影响客流的 C 口结合口，限制乘客进入； ② 关闭 A、E 出入口，限制乘客进入，保留至少两个出入口； ③ 车站向 OCC 申请本站越站； ④ 车站向 OCC 申请本站关站； ⑤ 关闭出入口时按照相关规定张贴告示

续表

项目	时机标准
越站	车站在大客流站控、线控启动的基础上，出入口排长队情况未缓解，换乘通道前往站台的楼/扶梯口拥堵且无缓解迹象，站台滞留人数持续增加，每个门排队超过30人，且排队队尾即将到达对面侧站台门1 m处，乘客连续2趟无法上车时，本站及时向行调申请相应线路下车乘客较多方向的列车越站
停梯	客流控制期间，客流持续增大，每趟车出清后滞留人数仍在20人左右时，车站及时关闭站台所有向上电扶梯及出入口所有进站电扶梯

二、地铁运营故障客流组织

根据地铁运营经验，列举日常运营中常见的几种故障情况，并提出客流组织应对措施，如表3-2-3所示。

表3-2-3　常见故障情形下的客流组织应对措施表

常见故障	故障分类	应对措施
电扶梯故障	站厅电扶梯故障	①第一时间安排人员引导，将电扶梯围挡，引导乘客从楼梯下站台乘车； ②及时改变此处另一部电扶梯运行方向，按照由内向外的原则和优先站台乘客出站的原则使用此处另一部电扶梯； ③换乘乘客，及时引导乘客由换乘楼梯进行换乘，减缓站台压力； ④客流持续增长且电扶梯长时间无法修复，及时启动全线车站配合执行三级站控； ⑤当客流持续增加，适时在安检机处减缓乘客进站速度
安检机故障	单台安检机故障	在故障点开启至少两个手检通道，安排保安协助引导，利用站厅过街通道引导携带大件行李物品乘客至另一侧安检进站。若故障侧安检机前出现排长队现象（排队30人且持续5 min以上时），开启故障侧绕行铁马
恶劣天气	暴雨、大风天气车站客流组织	①当站外出现暴雨、大风等灾害性天气时，车站按照《李家村站突发应急处置方案》特殊气象部分进行应急处置，在重点防汛出入口搭建一道防汛挡板，后续应急处置按规章执行； ②暴雨天气发生后，造成出站客流在出入口堆积，车站应关停出入口扶梯、铺设防滑垫； ③如进站客流增大，车站首先启动安检机限流或根据客流情况酌情启动安检机限流措施。如果安检机排队队尾至出入口通道内，则直接进行出入口限流； ④站内换乘客流增加，比照单条线路大客流控制措施执行

知识链接

大客流信息汇报及报送

当地铁车站遭遇大客流或极端大客流时，应立即启动信息汇报流程。车控室需执行日常广播及客流控制广播，并同步进行客流控制信息的报送工作。以下提供了信息汇报启动流程、广播表及客流控制信息报送模板的示例，如表3-2-4～表3-2-7所示。

一、信息汇报启动流程

表3-2-4 信息汇报启动流程

响应级别	信息上报	启动	处置程序	结束
三级响应	达到三级大客流时，车站应立即报告OCC（行调、信息调度）、客运二部生产调度、驻站公安，OCC信息调度通知机电二部生产调度	经车站站长同意后，车站执行三级站控措施，向客运二部生产调度、行调、信息调度进行报备	（1）事发车站及时按照信息报告程序及要求上报现场情况；（2）接报各级按照处置措施开展应急处置；（3）事发车站及时采取措施进行控制、限流、改变客流组织方式等	车站客流缓解，经车站站长同意后取消。车站向分部主任、行调、信息调度、客运二部生产调度报备
二级响应	达到二级大客流时，车站应立即报告OCC（行调、信息调度）、客运二部生产调度、驻站公安，OCC信息调度通知机电专业生产调度，OCC上报中心分管安全领导、中心值班领导、地铁分局指挥中心	发生二级大客流时，车站执行三级或二级站控措施，同时经客运二部经理同意后，向行调申请执行线控，同时说明哪条线路哪些车站需进行配合，明确配合车站执行的站控级别，行调负责通知相关车站。向行调、部门生产调度、信息调度进行报备	在三级大客流响应的基础上：（1）在三级大客流响应的基础上，大客流车站及时申请线控；（2）相关车站根据线控需要配合进行控制	车站客流缓解，经客运二部经理同意后取消。车站向分部主任、行调、信息调度、客运二部生产调度报备
一级响应	达到一级大客流时，车站应立即报告OCC（行调、信息调度）、客运专业生产调度、驻站公安，信息调度负责通知各专业生产调度，OCC及时上报中心分管安全领导、中心值班领导、中心总经理、分公司主要负责人	发生一级大客流时，车站执行二级或一级站控措施，经客运二部经理同意后，向行调申请执行网控，同时说明哪条线路哪些车站需进行配合，明确配合车站执行的站控级别，行调负责通知相关车站，需跨中心响应时，及时通知相关OCC。向行调、客运二部生产调度、信息调度进行报备	在二级大客流响应的基础上：（1）事发车站及时采取措施进行控制、限流、改变客流组织方式、关停部分设备、关闭物业结合口、关闭部分出入口等；（2）大客流发生车站及时申请网控；（3）相关车站根据网控需要配合进行控制；（4）大客流发生车站视情况申请多停、加车、越站等行车配合措施	车站客流缓解，经客运二部经理同意后取消。车站向分部主任、行调、信息调度、客运二部生产调度报备

二、广播表

表3-2-5 日常广播

序号	广播名称	广播词内容	播放形式	时机、要求及区域
1	寻人广播	广播找人，乘客×××听到广播后请速与车站工作人员联系	人工播放	根据实际情况选择播放区域播放
2	寻物广播	尊敬的乘客，如您有随身物品丢失，听到广播后请及时与车站工作人员联系	人工播放	根据实际情况选择播放区域播放

续表

序号	广播名称	广播词内容	播放形式	时机、要求及区域
3	列车在×××站不停站通过	尊敬的乘客，本次开往××方向的列车因故在×××站不停站通过，请前往×××站的乘客耐心等候下一趟列车，不便之处，敬请谅解	人工播放	根据实际情况选择播放区域播放
4	列车终点站改变广播	尊敬的乘客，由于运营组织需要，开往××方向的列车终点调为×××站，不便之处，敬请谅解	人工播放	根据实际情况选择播放区域播放
5	单侧双方向行车	尊敬的乘客，由于设备故障，所有乘客在开往××的方向的站台候车，不便之处，敬请谅解	人工播放	根据实际情况选择播放区域播放

表3-2-6　车站客流控制广播

控制措施	告示	广播内容
配合其他车站客流控制	1. 告示内容："因线网客流过大，本站现配合实行客流控制，请您有序进站。" 2. 摆放位置：在安检机处，乘客进站方向放置	因线网客流过大，本站现配合实行客流控制，请您有序进站
本站客流控制	1. 告示内容："因线网客流过大，本站现配合实行客流控制，请您有序进站。" 2. 摆放位置：在安检机处，乘客进站方向放置	因线网客流过大，本站现配合实行客流控制，请您有序进站
本站客流较大且为配合车站执行控制措施	1. 告示内容："因本站客流过大，现实行客流控制，请您有序进站。" 2. 摆放位置：在安检机处，乘客进站方向放置	因本站客流过大，现实行客流控制，请您有序进站

三、客流控制信息报送模板

表3-2-7　客流控制信息

项目	信息内容
多停	【客流信息】××站：××：××报行调×××申请×号线上/下行各次列车本站多停30 s，报站长、客运二部生产调度
	【客流信息】××站：××：××报行调×××申请取消×号线上/下行各次列车本站多停30 s，报站长、客运二部生产调度
×级站控	【客流信息】××站：××：××因本站安检机处排队人数较多（具体现状），启动×级站控，现采取站厅南安检机处摆放铁马限流措施（具体采取站控措施），报站长、客运二部生产调度
	【客流信息】××站：××：××客流缓解，取消×级站控（具体采取站控措施），报站长、客运二部生产调度

续表

项目	信息内容
边门放行	【客流信息】××站：××：××因站厅南端出站客流较大，现打开边门放行，回收单程票（具体采取站控措施），报站长、客运二部生产调度
三级大客流响应	【客流信息】××站：××：××因客流持续增大（描述客流聚集点），报站长同意，启动三级大客流响应，报行调T××、信息调度I××、站长、客运二部生产调度
	【客流信息】××站：××：××因××站车站经采取措施得到缓解，申请取消三级大客流响应。报行调T××、信息调度I××、站长、客运二部生产调度
二级大客流响应	【客流信息】××站：××：××因客流持续增大（描述客流聚集点），报客运二部×××经理同意，启动二级大客流响应，本站采取二/三级站控措施，×出入口限流（具体采取站控措施），报行调T××、信息调度I××、站长、客运二部生产调度、驻站公安
加车	【客流信息】××站：××：××因×号线上/下站台客流持续增大，描述站台客流情况，报客运二部×××经理同意，申请××站×号线上/下行加开列车，报站长、客运二部生产调度、行调T××、信息调度I××
越站	【客流信息】××站：××：××因××站台客流持续增大，描述站台客流情况，报客运二部×××经理同意，申请××站×号线上/下行方向越站×趟，报站长、客运二部生产调度、行调T××、信息调度I××
线控	【客流信息】××站：××：××因××换乘客流持续增大，注明主要拥堵点，如站厅及换乘平台滞留乘客持续增多，报客运二部×××经理同意，申请×号线×级线控（×××站、×××站配合执行×级站控），报站长、客运二部生产调度、行调T××、信息调度I××
	【客流信息】××站：××：××因××换乘客流得到缓解，报客运二部×××经理同意，取消申请×号线×级线控，降为×号线×级线控，报站长、客运二部生产调度、行调T××、信息调度I××
	【客流信息】××站：××：××因××换乘客流得到缓解，报客运二部×××经理同意，取消申请×号线三级线控，取消二级大客流响应，报站长、客运二部生产调度、行调T××、信息调度I××
一级大客流响应	【客流信息】××站：××：××因客流持续增大，描述客流聚集点，报客运二部×××经理同意，启动一级大客流响应，本站执行一/二级站控，具体采取站控措施，报行调T××、信息调度I××、站长、客运二部生产调度、驻站公安
网控	【客流信息】××站：××：××因××换乘客流持续增大，注明主要拥堵点，如站厅及换乘平台已全部被乘客占满，报客运二部×××经理同意，申请×号线×××站、×××站配合执行×级站控，报站长、客运二部生产调度、行调T××、信息调度I××
	【客流信息】××站：××：××因××站换乘客流得到缓解，报客运二部×××经理同意，取消×号线××站、×××站配合执行×级站控，取消一级大客流响应，降为二级大客流响应，报站长、客运二部生产调度、行调T××、T××、信息调度I××

【素质素养养成】

（1）在确定是否启动车站极端客流下客流控制措施过程中，需要专注分析极端情况，精准辨认启动标准，准确采取控制，要有严谨细致、专注负责的工作态度。

（2）在进行车站极端大客流组织过程中，要按照车站极端大客流组织措施级别逐步采取控制，要有讲原则、守规矩的规范意识。

（3）在进行车站极端大客流组织演练方案制定过程中，要求演练步骤清晰，岗位布设合理，减少客流流线的交叉，符合安全第一、服务至上的原则。

（4）在进行车站极端大客流组织演练过程中，要求分角色团队协作，在面对车站极端大客流组织时，要具有精准控制、分秒必争的职业素养。

【任务分组】

学生任务分配表

班级		组号		指导教师	
组长		学号			
组员	姓名	学号		姓名	学号
任务分工					

【自主探学】

任务工作单 1

组号：_____　　　姓名：_____　　　学号：_____　　　检索号：3227-1

引导问题：

（1）极端客流下客流控制措施启动标准是什么？

_____

_____

_____

_____

（2）极端客流下客流控制措施有哪些？

_____

_____

_____

_____

_____

组号：_____　　姓名：_____　　学号：_____　　检索号：3227-2

引导问题：

（1）车站线控、停梯、越站的时机标准是什么？

_____

_____

_____

_____

_____

（2）请提出日常运营中常见的以下三种故障情况的客流组织应对措施，并选取其中的某一种故障，完成车站极端大客流组织实训演练方案（以思维导图呈现）。

常见故障	故障分类	应对措施
电扶梯故障		
安检机故障		
恶劣天气		

【合作研学】

组号：_____　　姓名：_____　　学号：_____　　检索号：3228-1

引导问题：

（1）小组交流讨论，教师参与，形成正确的极端大客流组织措施和大客流组织实训演练方案。

常见故障	故障分类	应对措施
电扶梯故障		
安检机故障		
恶劣天气		

（2）记录自己存在的不足。

_____

_____

_____

 【展示赏学】

任务工作单

组号：_____　　姓名：_____　　学号：_____　　检索号：3229-1

引导问题：

（1）每小组推荐一位小组长，汇报车站极端大客流组织措施和实训演练报告。借鉴每组经验，进一步优化车站极端大客流组织措施和极端大客流组织实训演练方案。

常见故障	故障分类	应对措施
电扶梯故障		
安检机故障		
恶劣天气		

（2）检讨自己的不足。

_____

_____

_____

 【评价反馈】

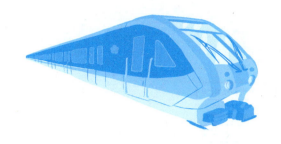

模块四

城市轨道交通车站突发事件客运组织

 模块说明

　　城市轨道交通安全管理是运营企业的核心任务，应贯穿于运营服务的全员、全方位、全过程，应该坚持"安全第一、预防为主、综合治理"的方针和"以人为本"的原则。运营企业应当建立健全安全责任制度，制定并及时完善事故控制标准、安全管理规章制度和安全操作规程，建立健全应急救援体系，形成完善的安全管理流程。

　　城市轨道交通突发事件客运组织对于确保乘客安全、提高应急响应效率和维护城市交通秩序具有重要意义。通过制定应急预案、加强监控与分析、客流管理与控制和紧急疏散与救援等方法，可以有效应对突发事件，保障城市轨道交通的安全运营。

　　城市轨道交通车站突发事件客运工作组织主要内容包括车站突发事件报告及响应、车站突发事件应急处置、自然灾害特殊情况下的车站客运组织、设备故障特殊情况下的车站客运组织、暴力恐怖特殊情况下的车站客运组织、突发公共卫生事件特殊情况下的车站客运组织等。

 教学建议

　　可利用多媒体教学设备或在理实一体化教室对车站突发事件客运组织进行理实一体化教学，或到地铁车站现场教学；对车站突发事件客运组织应先进行理论教学，再利用道具设备模拟教学，有条件可去现场进行参观教学。

模块内容

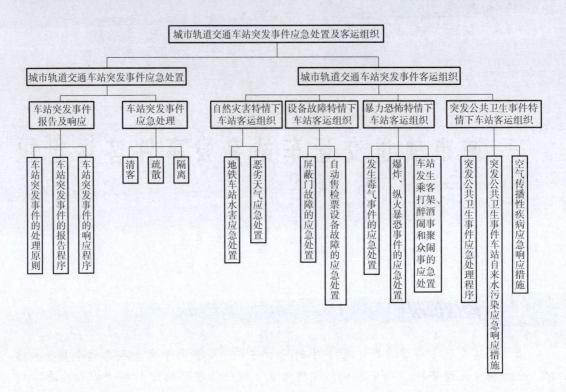

城市轨道交通车站突发事件应急处置及客运组织

- 城市轨道交通车站突发事件应急处置
  - 车站突发事件报告及响应
    - 车站突发事件的处理原则
    - 车站突发事件的报告程序
    - 车站突发事件的响应程序
  - 车站突发事件应急处理
    - 清客
    - 疏散
    - 隔离
- 城市轨道交通车站突发事件客运组织
  - 自然灾害特情下车站客运组织
    - 地铁车站水害应急处置
    - 恶劣天气应急处置
  - 设备故障特情下车站客运组织
    - 屏蔽门故障的应急处置
    - 自动售检票设备故障的应急处置
  - 暴力恐怖特情下车站客运组织
    - 发生毒气事件的应急处置
    - 爆炸、纵火暴恐事件的应急处置
    - 车站发生乘客打架、醉酒事件和聚众闹事的应急处置
  - 突发公共卫生事件特情下车站客运组织
    - 突发公共卫生事件应急处理程序
    - 突发公共卫生事件车站自来水污染应急响应措施
    - 空气传播性疾病应急响应措施

项目一　城市轨道交通车站突发事件应急处置

【项目描述】

突发事件是指在没有任何征兆的情况下，在城市轨道交通车站内、列车上或其他设备设施内突然发生的危及人身安全的事件，如自然灾害、设备故障、暴力恐怖、公共卫生事件等。车站应根据本站情况建立切实可行的突发事件客运组织预案，城市轨道交通工作人员须按照应急预案要求，冷静、迅速做出处理，将乘客快速疏散至安全位置，防止人员伤亡等意外事件发生、扩大和蔓延。

任务一　车站突发事件报告及响应

【任务描述】

城市轨道交通车站一旦发生突发事件，为确保相关部门和人员能够迅速了解突发事件的情况，保障乘客安全、维护运营秩序、提升公众信任度，应及时进行突发事件的报告。请上网查阅资料，小组合作绘制地铁车站突发事件信息上报流程图，并分角色模拟突发事件信息上报。

【学习目标】

1. 知识目标

（1）掌握车站突发事件的处理原则；

（2）掌握车站突发事件报告与响应程序。

2. 能力目标

（1）能进行车站突发事件报告；

（2）能明确各岗位在不同级别的响应程序中的职责，快速处理突发事件。

3. 素质目标

（1）养成以人为本、安全第一的服务意识；

（2）养成讲规则、守规矩的规范意识；

（3）养成忠于职守、尽职尽责的工作态度。

【任务分析】

1. 重点

车站突发事件报告。

| 客运事故的 | 车站突发事件 | 车站突发客流组织 | 火灾的处理 | 站台公共区 |
| 概念、分类 | 报告及响应 | | | 火灾—客值 |

| 站台公共区 | 站台公共区 | 站台公共区 | 乘客进入或掉落 | 乘客物品掉落 |
| 火灾—行值 | 火灾—站台巡视员 | 火灾—值班站长 | 轨行区或隧道的处理 | 轨道的处理 |

2. 难点

车站突发事件响应程序。

【相关知识】

一、车站突发事件的处理原则

车站突发事件的处理原则如下：

（1）突发事件发生时，地铁运营企业的应急处置指导思想是：先控制、后处置、救人第一，要始终把保障人民群众的生命财产安全放在第一位。

（2）突发事件现场应急处置的重点是控制事故源头、危险区域，组织人员撤离和抢救受伤人员。

（3）各岗位员工应按规定程序及时间，及时向有关方面报告，迅速开展工作，尽一切可能避免事故的扩大，以减少伤害损失。

（4）各岗位员工应沉着冷静，严格执行规定的标准和程序，优先组织人员疏散，抢救伤员，做好乘客疏导和安抚工作，维持秩序，减少乘客恐慌。

（5）各岗位员工应坚守岗位，立即进入突发事件抢险救灾状态，兼顾重点设备和环境的防护，采取一切可能措施减少损失。

（6）兼顾现场的保护工作以利于公安消防和事件调查部门现场取证。

（7）员工在处理应急事件时，坚持对外宣传归口管理的原则，不得擅自发布相关信息。

（8）坚持就近处理的原则，在一级事故处理负责人到达现场前，由表4-1-1所示人员担任现场指挥，承担现场临时事故处理负责人职责。

表4-1-1　现场临时事故处理负责人

序号	事故发生处所	现场临时事故处理负责人
1	列车上（列车在区间）	本次列车司机
2	列车上（列车在车站）	所在站值班站长
3	车站	所在站值班站长

序号	事故发生处所	现场临时事故处理负责人
4	区间线路上	行车调度员指定的值班站长
5	车场	车场调度员
6	其他场所	现场职务最高的员工

二、车站突发事件的报告程序

1. 车站突发事件的报告原则

（1）迅速、准确、完整的原则。

（2）逐级上报的原则。事故发生在区间，列车司机应立即上报行车调度员；事故发生在车站内或车场内，车站值班站长或车场调度员应立即上报行车调度员。

（3）现场情况报告遵循"边处置、边报告"的原则。当情况一时难以判断清楚时，应先汇报整体情况，然后继续确认，随时报告。如发现已经报告的内容有误时，应立即予以更正。在迅速报告的基础上，应随时报告现场情况及处置过程。

任何员工发现或接到突发事件信息，均应立即执行规定的通报流程，不得延误、中断或缺漏。

2. 运营一线岗位突发事件报告要求

车站内发生突发事件时，车站员工应立即报告当值值班站长，值班站长接到报告后应立即将相关情况转报行车调度员。

列车运行中发生突发事件时，列车司机应立即报告行车调度员。

如事发现场需要公安、消防、医疗急救等救援，且因故无法联系行车调度员时，现场人员可自行联系。例如，在明确发生火灾后，现场人员应立即拨打119报警电话。

3. 报告事故前应采取的行动

在报告事故前，站务人员应根据事故的严重性，果断采取下列行动之一：

（1）若发现任何可能影响列车安全运行的情况，如信号设备损坏、异物落入轨道等异常情况，必须立即利用下列方法，截停可能受影响的列车。

①操作车站控制室内的紧急停车按钮。

②按压站台紧急停车按钮。

③猛烈摇动"危险"手信号，或猛烈摇动任何物品。

（2）若发现设备或装置有故障，则必须立即停用或隔离有关故障设备或装置。

4. 突发事件报告的内容

报告事故时，应尽可能全面地包含下列内容：

（1）报告人姓名、职务、单位及联系电话。

（2）事件发生的时间（时、分）、准确地点（上下行线路、区间公里标或股道、站台头端或尾端位置）。

（3）事件发生的概况、原因（若能初步判断）及对运营影响的程度。

（4）事件发生时列车所在位置及当时车上乘客的大概数量。

（5）人员伤亡情况，设施设备损毁情况，所需的工程援助。

（6）现场已经采取的措施。

（7）是否需要公安、消防、医疗急救支援。

（8）是否需要进行接触轨或接触网停电处置及原因。

（9）其他必须说明的内容。

5. 突发事件报告程序

突发事件发生后，现场人员应严格遵守报告程序迅速上报，调度控制中心根据当时各部门、各车站上报的情况及时汇总信息，确认突发事件性质，做出准确判断，高效调动、协调企业内外资源，确保事态得到有效控制，力争将损失降到最低程度，因此，地铁运营企业内部必须建立起一套严格、高效的信息传递程序。某地铁运营企业突发事件通报流程如图 4-1-1 所示。

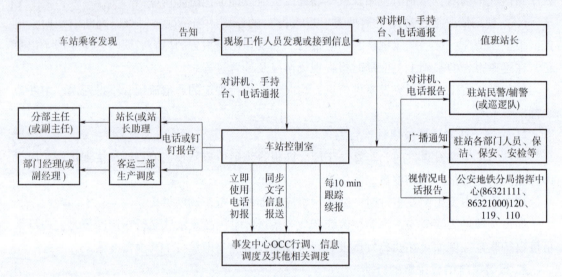

图 4-1-1 某地铁运营企业突发事件通报流程

三、车站突发事件的响应程序

当预计突发事件会引发或已造成列车停运、中断运营时间较长时（如某地铁运营企业规定列车停运或中断运营 10 min 为中断运营时间较长），地铁运营企业各部门应启动不同级别的响应程序，快速处理该事件。事发车站的值班站长作为现场第一负责人，应立即到达事发现场进行现场指挥。相关应急抢险人员必须立即到达事发现场进行应急处置。邻线发生事故时，受影响车站的值班站长在同一时间到达现场，做好本线的配合工作。

1. 行车调度员岗位职责

（1）积极采取有效措施防止次生、衍生灾害发生，确保乘客生命安全；及时协调各专业人员进行事件处置，减少事件对运营造成的影响。

（2）根据需要指示值班站长疏散列车内或受影响车站的乘客。

（3）与事故处理负责人保持联络，实时掌握事件处置进展，协调联系公安、消防、医疗、急救等部门对事件处置进行支持。

（4）与值班站长、环控调度员协调，采取必要的运营调整措施，维持未受影响区段的行车服务，及时发布实时运营服务信息。

（5）根据事件现场或事故处理负责人的要求安排接触轨或接触网停电，要求在现场具备资格的人员在接触轨或接触网断电后进行接地保护工作，并将接触轨或接触网停送电状态及时通报给事故处理负责人。

2. 事发车站值班站长岗位职责

（1）在上级领导抵达前暂时担任事故现场负责人。

（2）根据现场情况及行车调度员要求采取车站限流、疏散或临时封闭措施。

（3）按需要启动排烟系统，并在消防人员抵达时向其通报相关措施。

（4）根据需要申请事发现场接触轨或接触网停电，并安排设置接地措施。

（5）指派一名员工携带无线手持台，陪同救援人员前往事发现场。

（6）安排通信专业人员进行通信设备的紧急安装和调试。

（7）在确定具备运营条件后，通知车站各岗位恢复正常运营。

3. 工程人员岗位职责

（1）故障报警中心、车辆段控制中心在接到行车调度员通知并要求工程人员到场处理时，应立即安排相关专业人员到现场参加处置。

（2）工程人员到现场后，应立即向事故处理负责人报到，并根据现场事件处置负责人的授权和安排，进行所属专业设备状态检查及抢修。

（3）在无法联系到现场事件处置负责人或其未到达时，可向行车调度员报告并听从其指示。

（4）在进行现场确认后，工程人员应尽快向现场事件处置负责人报告并转报行车调度员如下事项：

① 设备受损程度及对运营的影响。

② 需要采取何种恢复行动，预计完成的时间。

③ 恢复行动所需的条件，如接触轨或接触网停电等。

④ 需要其他有关工程组提供何种协助。

⑤ 是否需要更高级的工程执行人员到场处理。

（5）如事件涉及接触轨或接触网设备故障，工程人员必须在开始施工前，与事故处理负责人确认接触轨或接触网停、送电及接地保护的情况。

4. 配合企业其他相关部门的相关工作

（1）有关突发事件的一切对公共媒体的信息发布，由企业高级管理人员、新闻发言人统筹安排，任何运营员工不得私自向公共媒体发布关于事件的信息。

（2）发生严重运营事件后，高级运营、工程执行人员与事故处理负责人需及时通报事件相关信息，做好应对媒体采访的相关准备工作。

（3）当事故调查人员到达事发现场，进行事件调查的先期调查取证时，事故处理负责人应向其移交负责保管的事件相关证据证物。

小贴士

"119"报警内容参考模板

行值收到现场人员或 FAS 报火警，立即通知值站或就近岗位人员 1 min 内至现场确认，出现以下情况立即报"119"：

(1) 现场发生爆炸事件。

(2) 现场有明火，经采取初步灭火措施无效，火势不可控时。

(3) 现场有烟，经采取措施，仍有扩大蔓延趋势时。

(4) 车站结合商业场所出现火情时。

(5) 车站周边发生火灾或出现天然气等易燃易爆气体泄漏至车站时。

"119"报警内容参考模板："您好，李家村地铁站地下负一层站厅发生火灾，火势较大并伴有较大浓烟，初步确定由乘客携带汽油导致火灾，暂无人员伤亡，车站位置在雁塔北路和友谊东路十字，消防车届时停至十字西南口（B 口），到时有车站人员接应，报警人×××（姓名），电话 82850412/82850525，手机号码××××××××××。"

【素质素养养成】

(1) 在处置车站突发事件时，应该按照"先控制、后处置、救人第一"的指导思想，要以人为本，始终把保障人民群众的生命财产安全放在第一位。

(2) 在报告车站突发事件时，要遵守突发事件的处置原则，按照报告程序进行上报，要有讲原则、守规矩的规范意识。

(3) 在车站发生突发事件后，应按照不同级别的响应程序，快速处理该事件，要有忠于职守、尽职尽责的工作态度。

【任务分组】

学生任务分配表

班级		组号		指导教师	
组长		学号			
	姓名	学号		姓名	学号
组员					
任务分工					

【自主探学】

任务工作单 1

组号：_____　　姓名：_____　　学号：_____　　检索号：4117-1

引导问题：

（1）请说出地铁车站突发事件都有哪些。当突发事件发生时，地铁运营企业的应急处置指导思想是什么？

_____

_____

_____

_____

（2）突发事件现场应急处置的重点是什么？

_____

_____

_____

_____

任务工作单 2

组号：_____　　姓名：_____　　学号：_____　　检索号：4117-2

引导问题：

（1）请简要说明车站突发事件的报告原则。

_____

_____

_____

（2）请简要说明报告事故前应采取的活动。

_____

_____

_____

（3）请简要说明突发事件的报告内容。

_____

_____

_____

（4）请上网查阅资料，绘制地铁车站突发事件信息上报流程图。

_____

_____

_____

【合作研学】

任务工作单

组号：_____　　姓名：_____　　学号：_____　　检索号：4118-1

引导问题：

（1）小组交流讨论，教师参与，形成正确的突发事件信息上报流程图以及分角色模拟突发事件信息上报的方案。

_____

_____

_____

_____

（2）记录自己存在的不足。

_____

_____

_____

_____

【展示赏学】

任务工作单

组号：_____　　姓名：_____　　学号：_____　　检索号：4119-1

引导问题：

（1）每小组推荐一位小组长，汇报突发事件信息上报流程图以及模拟突发事件信息上报的方案，借鉴每组经验，进一步优化方案。

_____

_____

_____

_____

（2）检讨自己的不足。

_____

_____

_____

_____

【评价反馈】

任务二　车站突发事件应急处理

【任务描述】

当车站发生突发事件时，车站可根据实际情况对乘客进行疏导，客流组织的方法主要有疏散、清客和隔离三种。结合所在城市地铁运营企业岗位设置、工作职责划分，实训场地和设备，补充、完善列车火灾隧道紧急疏散的客流组织流程（见表4-1-2），并根据流程图分角色模拟列车火灾隧道紧急疏散的客流组织。

表 4-1-2　列车火灾隧道紧急疏散客流组织

岗位	工作内容
值班站长	1. 接到区间疏散通知后，立即通知厅巡岗、保安带齐应急物品到站台做好灭火、区间疏散乘客准备工作； 2. ＿＿＿＿＿＿＿＿＿＿＿＿＿＿＿＿＿＿＿＿＿＿＿＿＿； 3. 组织乘客疏散。确认隧道没有遗留乘客，报车站控制室； 4. 消防队员到达后，将灭火工作交给消防队员，确认乘客疏散完毕后，回到车控室； 5. ＿＿＿＿＿＿＿＿＿＿＿＿＿＿＿＿＿＿＿＿＿＿＿＿＿
行车值班员	1. 接到行调或列车司机通报火警后，立即报值班站长； 2. ＿＿＿＿＿＿＿＿＿＿＿＿＿＿＿＿＿＿＿＿＿＿＿＿＿； 3. 与行调、值班站长保持联系； 4. 严格控制救援人员进入区间时机，进入区间前要得到行调的同意； 5. ＿＿＿＿＿＿＿＿＿＿＿＿＿＿＿＿＿＿＿＿＿＿＿＿＿； 6. 准备恢复运营服务，并向行调报告
客运值班员	1. 得知发生火灾后，锁好票务管理室门，到车控室协助行值工作，中央级控制不能实现时，按控制中心指令操作车站级环控系统BAS； 2. ＿＿＿＿＿＿＿＿＿＿＿＿＿＿＿＿＿＿＿＿＿＿＿＿＿； 3. 组织站厅乘客疏散，确认站厅乘客全部疏散出站后报告车控室，救助受伤乘客
厅巡岗	1. 接到通知后立即带备品到站台待命； 2. ＿＿＿＿＿＿＿＿＿＿＿＿＿＿＿＿＿＿＿＿＿＿＿＿＿； 3. 消防人员到达现场后，将灭火工作交给消防人员
票亭岗	1. ＿＿＿＿＿＿＿＿＿＿＿＿＿＿＿＿＿＿＿＿＿＿＿＿＿； 2. 组织疏散乘客
站台岗	1. 列车在区间疏散乘客时，打开端墙门，组织疏散乘客，并清点人数； 2. ＿＿＿＿＿＿＿＿＿＿＿＿＿＿＿＿＿＿＿＿＿＿＿＿＿； 3. 根据车控室指示严格控制进入区间进行救援的时机； 4. ＿＿＿＿＿＿＿＿＿＿＿＿＿＿＿＿＿＿＿＿＿＿＿＿＿
保安、保洁	1. 执行紧急疏散命令，视情况关停站厅层出口的扶梯。拦截乘客进站，根据车站工作人员安排张贴暂停服务告示； 2. 接应外部支援力量； 3. 救助、安抚受伤乘客等候"120"到来

【学习目标】

1. 知识目标

（1）掌握疏散、清客、隔离的含义；

（2）掌握疏散、清客、隔离的客流组织流程。

2. 能力目标

（1）能模拟演练列车在站台清客作业；

（2）能模拟演练车站清客作业；

（3）能模拟演练车站紧急疏散客流组织；

（4）能模拟演练列车火灾隧道紧急疏散客流组织；

（5）能模拟演练设备故障隧道疏散客流组织。

3. 素质目标

（1）养成良好的抗压能力，迅速的反应能力，沉着冷静处理突发事件的能力；

（2）养成以人为本、安全第一的服务意识；

（3）养成遵守规范、团队协作的职业素养；

（4）养成忠于职守、尽职尽责的工作态度。

【任务分析】

1. 重点

车站紧急疏散客流组织。

疏散　　　　　　　　清客　　　　　　　　隔离

2. 难点

列车火灾隧道紧急疏散客流组织。

【相关知识】

一、清客

在遇到运营设备故障，列车暂时中止服务或行车组织发生变更调整时，需要将列车上乘客或车站乘客从某一区域转移到另一区域，包括列车在站台清客和车站清客。清客与乘客疏散的区别在于疏散是在紧急状况下的客运组织方式，是为了保证乘客安全，尽快将乘客转移到安全位置，而清客是暂停行车服务的客运组织方式。以下分别介绍列车在站台清客及车站清客的各岗位应急处理程序，如表4-1-3、表4-1-4所示。

表 4-1-3　列车在站台清客的各岗位应急处理程序

岗位	工作内容
值班站长	1. 组织站务员引导乘客安全撤离列车，并做好乘客解释工作； 2. 检查车厢有没有滞留乘客，清客完毕后，及时向车控室报告
行车值班员	1. 接到行调列车在站台清客的命令后及时通知值班站长，并播放列车清客广播； 2. 清客完毕后，及时向行调报告
客运值班员	协助值班站长清客，对不主动配合的乘客进行劝导和解释，引导乘客离开列车
保安	协助车站工作人员清客，对不主动配合的乘客进行劝导和解释，引导乘客离开列车
司机	1. 接到行调列车在站台清客的命令后打开车门、屏蔽门，播放列车清客广播； 2. 确认车厢没有乘客滞留，关门并报行调，按照行调指令执行

表 4-1-4　车站清客的各岗位应急处理程序

岗位	工作内容
值班站长	1. 宣布执行车站清客处理程序，组织车站员工对乘客进行清客，引导乘客进行票务处理； 2. 待乘客全部出站后，检查车站是否有滞留乘客，关闭出入口，派人在出入口张贴告示； 3. 集合车站工作人员，协助设备故障处理，等待恢复运营； 4. 将情况向站长报告，并做好详细记录
行车值班员	1. 接到上级暂停服务清客的命令后通知车站各岗位本站暂停服务，执行清客程序； 2. 播放清客广播和票务政策广播，将自动售票机设置为暂停服务； 3. 通知地铁公安到现场维持秩序
客运值班员	1. 引导乘客办理退票、一卡通更新及出站，向乘客做好解释； 2. 根据需要为售票员配备零钱； 3. 统计退票数量，并将回收单程票封好后上交票务室
其他岗位	1. 厅巡打开车站边门，引导乘客退票或出站（持一卡通乘客通过边门出站，车站免费更新）； 2. 售票员负责办理退票和一卡通更新； 3. 站台及保安引导乘客出站，根据客运值班员或值班站长安排张贴告示

二、疏散

乘客疏散是指在发生紧急情况时，城市轨道交通工作人员利用通道和出口迅速将乘客从危险区域转移到安全区域，包括车站疏散和区间隧道疏散。

1. 车站乘客疏散组织办法

火灾、大面积停电等突发事件可能导致乘客伤害时，车站工作人员必须第一时间组织疏散乘客，争取在最短的时间内尽快将乘客疏散至安全位置。城市轨道交通单位需编制各类突发事件的应急预案，并定期组织演练和培训，确保突发事件发生后，工作人员能够有序、妥善进行处理。在乘客疏散过程中，车站各个岗位必须密切高效配合，各岗位的客流组织应急处理程序如表 4-1-5 所示。

表 4-1-5　车站紧急疏散客流组织的各岗位应急处理程序

岗位	工作内容
值班站长	1. 接到紧急情况信息报告后，迅速赶往现场确认实际情况； 2. 宣布执行相关应急处理程序，担任现场"事故处理主任"，调集车站所有资源快速组织疏散乘客； 3. 现场组织疏散乘客，督促各岗位执行应急处理关键环节； 4. 乘客疏散完毕后，检查车站内是否有滞留乘客，并关闭出入口，报告中央控制中心； 5. 当事件危及车站员工时，及时组织员工通过消防疏散通道或出入口到达安全区域； 6. 需要"119""120"等外部力量支援时，安排保安或员工至出入口接应
行车值班员	1. 及时将现场情况向中央调度中心报告，与调度保持联系； 2. 视车站突发事件程度，向地铁公安、"119"、"120"报告； 3. 疏散公共区乘客时，按压闸机释放按钮，使闸机处于常开状态，并将 TVM 设置为暂停服务状态； 4. 播放疏散广播； 5. 将信息上报站长、部门生产调度及部门值班领导； 6. 根据事件蔓延情况，带好手持台等相关通信工具，视情况撤离车控室至安全区域
客运值班员	1. 收好钱款，锁闭票务管理室，到车控室协助行值操作相关环控设备，如果环控设备中央级执行不成功，负责操作车站级环控设备； 2. 到站厅、站台、设备区组织疏散乘客和其他维修巡检人员； 3. 有乘客受伤时及时协助伤者到达安全区域，视情况对伤者进行急救； 4. 根据值班站长安排在出入口拦截乘客进站，关闭部分出入口
厅巡岗	1. 打开边门将乘客疏散出站； 2. 根据电扶梯的运行方向，将向下的电扶梯关闭，将向上的电扶梯视情况关闭； 3. 根据客值或值班站长安排出入口拦截乘客进站，迎接外部支援力量
票亭岗	1. 收好票款，锁闭票亭； 2. 疏散乘客出站，根据客运值班员或值班站长安排张贴告示，拦截乘客进站，应急外部支援人员进站
站台岗	1. 按照值站命令执行应急处理程序，疏散站台层乘客，站台层乘客疏散完毕后，协助疏散站厅乘客； 2. 乘客疏散完后，到现场协助处理应急事件
保安、保洁	协助车站工作人员疏散乘客和救助受伤乘客

2. 隧道乘客疏散组织办法

列车在区间火灾无法行驶至前方车站或设备发生故障列车被迫停在区间，需要区间疏散乘客时，执行区间乘客疏散办法。对于隧道发生火灾、爆炸等紧急事件及设备发生故障的不同实际情况，区间疏散乘客具有不同的要求。

（1）隧道发生火灾或列车在隧道发生火灾无法运行至前方车站时，此时需要尽快疏散列车上的乘客，根据列车着火位置及火势大小，选择正确的乘客疏散方向（当列车头部着火时，组织将乘客从列车尾端疏散；当列车尾部着火时，组织将乘客从列车头端疏散；当列车中部着火后，若火势较大，无法通过着火区域时，组织乘客向两端疏散），确保乘客人身安全。在接到行调需要区间疏散的命令后，车站各个岗位必须密切高效配合，各岗位的客流组织应急处理程序如表4-1-6所示。隧道疏散图如图4-1-2所示。

表 4-1-6　列车火灾隧道紧急疏散客流组织的各岗位应急处理程序

岗位	工作内容
值班站长	1. 接到区间疏散通知后，立即通知厅巡岗、保安带齐应急物品到站台做好灭火、区间疏散乘客准备工作； 2. 确认列车在区间不能运行时，宣布执行列车在区间火灾应急处理程序，担任"事故处理主任"，指挥厅巡岗、保安等做好防护，得到行调的同意后进入列车所在区间引导乘客疏散、灭火； 3. 组织乘客疏散。确认隧道没有遗留乘客，报车站控制室； 4. 消防队员到达后，将灭火工作交给消防队员，确认乘客疏散完毕后，回到车控室； 5. 确认火灾扑灭、公安取证完毕、设备抢修结束、人员出清线路后报告行调，向行调请求恢复运营
行车值班员	1. 接到行调或列车司机通报火警后，立即报值班站长； 2. 报告行调，并报地铁公安、"119"、"120"；播放紧急疏散广播；按压AFC设备紧急按钮；关闭广告灯箱电源；向部门领导报告； 3. 与行调、值班站长保持联系； 4. 严格控制救援人员进入区间时机，进入区间前要得到行调的同意； 5. 所有人员出清区间后向行调汇报； 6. 准备恢复运营服务，并向行调报告
客运值班员	1. 得知发生火灾后，锁好票务管理室门，到车控室协助行值工作，中央级控制不能实现时，按控制中心指令操作车站级环控系统； 2. 执行列车在区间火灾应急处理程序，关闭所有TVM，到站厅组织员工疏散乘客； 3. 组织站厅乘客疏散，确认站厅乘客全部疏散出站后报告车控室，救助受伤乘客
厅巡岗	1. 接到通知后立即带备品到站台待命； 2. 听从值班站长指挥做好防护，到区间疏散乘客、灭火，组织乘客向站台疏散； 3. 消防人员到后，将灭火工作交给消防人员
票亭岗	1. 收好票款，执行应急处理程序，关停站台层向下运行的扶梯； 2. 组织疏散乘客
站台岗	1. 列车在区间疏散乘客时，打开端墙门，组织疏散乘客，并清点人数； 2. 站台乘客疏散完毕后报车控室； 3. 根据车控室指示严格控制进入区间进行救援的时机； 4. 接到恢复运营的通知后，检查站台客运设施情况，为恢复运营服务做准备
保安、保洁	1. 执行紧急疏散命令，视情况关停站厅层出口的扶梯，拦截乘客进站，根据车站工作人员安排张贴暂停服务告示； 2. 接应外部支援力量； 3. 救助、安抚受伤乘客，等候"120"到来

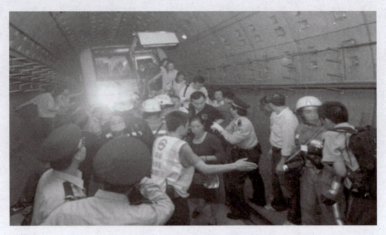

图 4-1-2　隧道疏散图

（2）设备发生故障列车被迫停在区间，需要区间疏散乘客时，车站根据行调命令组织乘客有序疏散出区间，尽量避免乘客在区间受伤。车站各岗位的客流组织应急处理程序如表 4-1-7 所示。

表 4-1-7　设备故障隧道疏散客流组织各岗位应急处理程序

岗位	工作内容
值班站长	1. 接到列车区间疏散的信息后，根据行调指令组织厅巡岗、保安穿好荧光服，携带手提广播、照明灯（应急灯）、对讲机等进入区间，前往列车停留位置，引导乘客安全撤离到站台； 2. 疏散完毕后按原路返回，负责确保乘客及工作人员全部安全到达站台； 3. 确认线路出清后，报告车控室线路已出清
行车值班员	1. 接到行调列车区间疏散的命令后，立即报告值班站长，并打开隧道照明灯； 2. 与行调、值班站长保持联系，及时传递信息； 3. 播放广播安抚候车乘客； 4. 区间乘客全部疏散完毕后及时向行调报告
客运值班员	收好钱款，锁闭票务管理室，根据值班站长安排组织疏散区间乘客
厅巡岗	1. 接到通知后立即带备品到站台待命； 2. 听从值班站长指挥做好防护，到区间疏散乘客、灭火，组织乘客向站台疏散； 3. 消防人员到后，将灭火工作交给消防人员
票亭岗	1. 收好票款、执行应急处理程序，关停站台层向下运行的扶梯； 2. 组织疏散乘客
站台岗	在车站端墙处接应从区间里疏散来的乘客，对乘客做好安抚解释工作
保安	1. 与值班站长下线路疏散乘客； 2. 对乘客做好解释安抚工作
司机	1. 接到行调列车区间清客的命令后，等车站人员到达后打开应急疏散门，播放"列车清客广播"，组织乘客有序撤离； 2. 列车上乘客疏散完毕后，检查列车情况，并将情况报告给行调，按照行调的命令执行

三、隔离

隔离是指采用某种方式或设备人为隔开人群或封闭某个区域。根据造成隔离的原因不同，将隔离的客运组织方法分为：

1. 非接触纠纷隔离

乘客发生口头纠纷时，离现场最近的工作人员要立即上前调解纠纷，必要时把纠纷双方分别带到人少的地方或带到办公区会议室，进行劝说和解，如有其他乘客围观，应及时劝离现场，维持好车站工作秩序。

2. 接触式纠纷隔离

乘客发生打架时，离现场最近的工作人员要立即赶到现场，与车站保安人员一起把打架双方隔开，并通知地铁公安到达现场。车控室通知值班站长赶到现场处理，将肇事双方移交地铁公安处理。车站要及时疏散围观乘客，并寻找目击证人，记录事件经过。

3. 疫情隔离

城市发生疫情传播，车站发现有人晕倒或疑似传染疫情时，必须及时采取隔离措施，报告公司防疫指挥中心及市防疫指挥中心，根据上级要求进行清客，关闭出入口，列车不停站通过，对与疑似人员接触过的物品、人员进行消毒、隔离观察。

4. 客流流线隔离

当车站某一端排队购票队伍与进、出站客流发生交叉干扰时，车站工作人员利用提前准备好的伸缩栏杆、隔离带、铁马等设备将不同方向的客流分隔开，保持进出站、换乘客流顺畅，并利用手提广播引导乘客到人少的自动售票机前购票。

小贴士

雨天车站的客流组织

如果降雨造成出入口乘客避雨拥堵时，及时向滞留乘客发放一次性雨衣，增加人员，加强疏散力量，快速将滞留乘客疏导出站，并请求地铁公安在出入口处协助组织。同时密切关注各车站现场情况，将影响运营的事件随时向行调报告。车站可采取以下措施疏导客流：

(1) 当出入口聚集人多时，为防止乘客拥堵在电扶梯口影响到乘客正常乘坐电扶梯，可视情况关闭车站出入口电扶梯。

(2) 保洁人员在出入口铺设防滑垫，并及时清理站内地面积水。

(3) 车站工作人员到出入口发放免费雨衣及雨伞。

(4) 加强出站口的宣传疏导，提高乘客出站速度，广播提醒乘客防滑，防止乘客滑倒摔伤，摆放提醒告示。

(5) 雨情较大时，将因避雨拥堵在出入口和通道内的乘客引导至人少的通道内避雨，并提示有雨具的乘客尽快离开车站。

(6) 如因出入口积水导致乘客滞留或出站速度缓慢，应及时引导乘客至其他路况较好的出入口出站。

(7) 因车站滞留乘客量大导致站内秩序得不到有效控制时，车站向上级领导和相关部门申请采取临时封站措施。

【素质素养养成】

（1）当车站发生突发事件时，可根据实际情况对乘客进行疏导，应该具备良好的抗压能力去面对突发事件，迅速的反应能力去选择正确的处理流程，沉着冷静地处理突发事件。

（2）在处置车站突发事件时，应该按照"先控制、后处置、救人第一"的指导思想，要以人为本，始终把保障人民群众的生命财产安全放在第一位。

（3）在进行车站突发事件客流组织时，要遵守疏散、清客、隔离的处置流程，车站各岗位人员各尽其责、团队协作共同完成突发事件客流组织。

（4）在车站发生突发事件后，应按照不同的处置流程，快速处理该事件，要有忠于职守、尽职尽责的工作态度。

【任务分组】

学生任务分配表

班级		组号		指导教师		
组长		学号				
	姓名	学号		姓名		学号
组员						
任务分工						

【自主探学】

任务工作单 1

组号：_____　　　姓名：_____　　　学号：_____　　　检索号：4127-1

引导问题：

（1）请简述清客、疏散、隔离的含义。

_____

_____

（2）隔离的客流组织方法有哪些？接触式纠纷隔离客流组织的要点是什么？

_____

_____

_____

任务工作单 2

组号：_____　　姓名：_____　　学号：_____　　检索号：4127-2

引导问题：

（1）请分析对比站台清客与车站清客客流组织的异同。

_____

_____

_____

_____

（2）请分析对比车站疏散和区间隧道疏散客流组织的异同，指出两种客流组织有哪些特殊的要点。

_____

_____

_____

_____

（3）请用思维导图完成列车火灾隧道紧急疏散的客流组织流程，并根据此流程图分角色模拟列车火灾隧道紧急疏散的客流组织。

_____

_____

_____

_____

_____

【合作研学】

任务工作单

组号：_____　　姓名：_____　　学号：_____　　检索号：4128-1

引导问题：

（1）小组交流讨论，教师参与，形成正确的列车火灾隧道紧急疏散客流组织流程图。

_____

_____

_____

_____

（2）记录自己存在的不足。

_____

_____

_____

_____

【展示赏学】

任务工作单

组号：_____　　姓名：_____　　学号：_____　　检索号：4129-1

引导问题：

（1）每小组推荐一位小组长，汇报列车火灾隧道紧急疏散的客流组织流程图，借鉴每组经验，进一步优化方案。

_____

_____

_____

_____

_____

（2）检讨自己的不足。

_____

_____

_____

_____

【评价反馈】

项目二　城市轨道交通车站突发事件客运组织

【项目描述】

城市轨道交通运营安全应该以保证乘客的安全为中心。由于设备欠缺、运输组织方法不当或意外情况，造成乘客伤亡或危及正常运营的情况，均为客运事故。按照"安全第一，预防为主"的原则，城市轨道运营企业应加强运营安全管理，建立、健全安全运营责任制度，完善安全运营条件，做到防患于未然。地方政府应配合运营部门，向社会公众宣传有关城市轨道交通安全运营的法律规定和安全知识，提高市民的安全意识。

任务一　自然灾害特殊情况下的车站客运组织

【任务描述】

当地铁车站发生水害、自然灾害、恶劣天气等突发事件时，当值负责人应立即报告行调、相关安全负责人，组织员工采取积极措施进行处理，遵循的原则为：维持乘客秩序，保护乘客和员工生命安全，保护国家财产，减少经济损失，保护事故现场，以及尽快恢复服务。结合所在城市地铁运营企业岗位设置、工作职责划分，实训场地和设备，分岗位模拟演练极端暴雨自然灾害应急处理流程。

【学习目标】

1. 知识目标
（1）掌握地铁车站水害防汛要点；
（2）掌握极端暴雨自然灾害处置流程；
（3）掌握极端暴雨自然灾害处置要点；
（4）掌握恶劣天气应急处置流程。

2. 能力目标
（1）能分岗位模拟演练极端暴雨特殊情况下的关站处置流程；
（2）能分岗位模拟演练极端暴雨特殊情况下的部分区段停运处置流程；
（3）能分岗位模拟演练极端暴雨特殊情况下的单条线路停运处置流程；
（4）能分岗位模拟演练极端暴雨特殊情况下的线网停运处置流程。

3. 素质目标
（1）养成迅速的反应能力，沉着冷静处理突发事件的能力；
（2）养成以人为本、安全第一的服务意识；
（3）养成遵守规范、团队协作的职业素养；
（4）养成忠于职守、尽职尽责的工作态度。

【任务分析】

1. 重点

极端暴雨自然灾害处置要点。

地铁车站水害应急处置

恶劣天气应急处置

2. 难点

极端暴雨自然灾害处置流程。

【相关知识】

一、地铁车站水害应急处置

（一）防汛要点

1. 信息报送

（1）雨情信息：各车站按照生产调度通知，根据雨情判断标准，准确判断现场雨情，并做好信息反馈。

雨情判断说明：

① 国家气象局以 24 小时降雨量标准划分：小雨为小于 10 mm；中雨为大于 10 mm 小于 25 mm；大雨为大于 25 mm，小于 50 mm。

②车站可通过当时的降雨状况来进行判断：一般为小雨可看见雨滴掉落，地面湿润；中雨形成雨线，可以听见雨声，出现小面积积水；大雨则为雨线密集，影响视线，雨声激烈，大面积形成积水。（注：车站也可结合有关"天气"的手机应用，根据所在车站定位查看显示雨情情况，确保雨情判断准确。）

（2）异常信息：当出现以下情况时，车站须及时反馈行调、信息调度、电力及防灾调度（电力及防灾调度）、客运二部生产调度及相关设备部门生产调度：

①车站出入口、疏散通道、风亭及周边工地或基坑积水威胁车站，需采取措施时。

②雨棚、通道、疏散通道、地面直梯或站内渗漏水，外部市政排水井不畅且有漫向出入口迹象，设备受损时。

③车站站口出现沉降、塌陷痕迹，车站要注意区分周边建筑物沉降开裂、路面塌陷、桥梁下沉等地质异常情况时。

2. 车站防汛巡视制度

车站防汛巡视制度如表 4-2-1 所示。

3. 车站防汛抢险处置各岗位职责

车站防汛应急处置各岗位职责见表 4-2-2 车站防汛制度。

表 4-2-1　车站防汛巡视制度

序号	巡视范围	预警等级	巡视频次
1	车站出入口、公共区、设备区及周边积水影响情况	无暴雨预警或小雨	每 2 小时巡视一次
2		暴雨蓝色预警或中雨	每 1 小时巡视一次
3		暴雨黄色预警或大雨	每半小时巡视一次
4		暴雨橙色预警	不间断进行巡视
5		暴雨红色预警	车站安排专人对出入口设施设备和车站周边区域的积水情况进行实时盯控

> 备注：防汛巡视情况在《综治巡视记录本》上记录，如发现雨水倒灌、大面积积水、漏水时，值班站长立即组织各岗位，按照预案及现场处置方案展开应急处置。

4. 应急处置措施

（1）车站收到暴雨预警或站外遇到突发水害时，值班站长或站长立即联系相关人员，配合做好站外排水工作。

（2）车站行车值班员做好信息上报工作，将现场情况第一时间报行调、客运部生产调度、机电部生产调度、工电部生产调度。

（3）车站值班站长或站长组织车站属地人员做好水害处置准备，提前准备水害处置备品，并积极调动邻站人员到场支援。

（4）遇水灌入车站时，按照"雨水倒灌处置流程"进行处置；车站遇结构渗漏水时，按照"结构渗漏水处置流程"进行处置。

（二）水害处理

1. 信息报送

1）信息传递要求

（1）车站突发水害事件时，车控室行车值班员电话依次报送控制中心行调、信息调度、相关专业生产调度、站长、客运部生产调度、部门经理（或主管副经理）。

（2）车站突发水害事件时，车站值班站长（或站长）立即安排车站人员或支援人员至车控室协助行车值班员做好信息传递工作，除做好电话报送外，及时向控制中心行调、客运部生产调度进行文字信息报送。

（3）紧急事件信息报送要遵循"先报事，后报情"原则，信息报送要素包含事件发生时间、地点、事件起因、采取的措施、目前处置情况，后续根据处理进度再行续报。

信息简报（模板）：××年×月×日×时×分（时间）××站（地点）由于××原因（起因）发生××事情（事件），目前已采取××措施，详情待续报。

2）极端暴雨自然灾害运营线路停运应急信息报送

（1）具备关站条件时，车站立即组织关站、疏散乘客，并向控制中心上报，控制中心立即向网络运营控制中心上报。

（2）司机或车站工作人员发现轨行区积水漫过轨面，及时向控制中心上报，由控制中心值班主任直接下达关停部分区段命令，并向网络运营控制中心上报。

表4-2-2　车站防汛制度

车站防汛抢险应急处置各岗位职责

值班站长	行车值班员	客运值班员	票亭岗	站台岗	保安、保洁
1. 下雨或接到预警信息后,按照要求做好出入口,设备区及其他生产场所的巡视检查,及时摆放小心地滑牌和防雨措施,发现漏水情况摆放水桶接水并报修,准备防汛物资,落实各重点出入口提前搭建防洪墙等措施。 2. 当雨势较大、人员聚集较多,大量雨水飘入站厅时,视情况关闭受影响的出入口电扶梯,出入口到站厅的直梯。 3. 当出入口(或应急疏散通道)积水漫过通道一层台阶时,立即报行调、客运部生产调度,站长、公安请求支援。 4. 车站出入口水位接近该出入口;通知行车值班员报告OCC行调、客运部生产调度。 5. 安排各岗位引导乘客由未发生倒灌的出入口进出车站,张贴提示张贴广播。 6. 当雨水有可能漫过出入口洪墙倒灌进通道内时,组织员工在防汛通道与站厅连接处即时排水槽后用沙袋搭建防洪墙	1. 下雨或接到预警信息后,按要求向生产调度汇报车站雨情。 2. 将一个综合监控显示器画面调整至水泵界面,密切关注区间水泵状态;将CCTV界面调整至防汛重点部位界面,密切关注车站重点部位情况。 3. 当出入口(或应急疏散通道)积水有可能漫过一层台阶时,立即报行调、客运部生产调度。 4. 接到值班员关车站命令后立即上报行调、部门生产调度,站长,向驻站民警(辅警)及邻站申请增援、释放车站闸机,播放关闭广播,密切关注CCTV,视情向外部救援力量支援("119""120""110")请求支援。 5. 密切注意监视屏,做好信息传递续报工作;发现雨水倒灌出入口、设备区、站台等信息须立即报告行调水害发展情况	1. 协助值班长站长组织准备防汛物资,按值班站长命令令提前在重点出入口搭建防洪墙。 2. 做好乘客的解释、疏导乘客的解释工作,引导乘客由未发生倒灌的出入口张贴任乘客进出,禁止乘客进出。 3. 接到关站命令后,立即至站厅组织疏散站内乘客,疏散完毕后向车控室汇报。 4. 根据值班站长安排进行防汛抢险和排水工作。 5. 水位逐渐下降后,确认车站卫生、确认车站服务设备状态,做好恢复营运营准备工作	1. 做好乘客的解释、退票工作。 2. 根据命令收好票款,停止售票。 3. 协助引导、疏散乘客的处置工作。 4. 水位逐渐下降后,协助清理车站卫生,认票亭设备情况,恢复营运准备工作	1. 做好站台区域乘客的引导解释工作,做好乘客的解释工作,观察站台积水情况,对应轨行区积水情况。 2. 接到命令后,关停站厅至站台扶梯、直梯,疏散站台乘客。 3. 协助防汛的处置工作。 4. 水位逐渐下降后,协助清理车站卫生,确认轨行区和站台设备情况,做好复营运准备工作	1. 维持现场秩序,做好乘客的解释工作。 2. 协助车站进行防汛清理工作。 3. 水位逐渐下降后,协助清理车站卫生,做好恢复营运营准备工作

续表

车站防汛抢险应急处置各岗位职责

值班站长	行车值班员	客运值班员	票亭岗	站台岗	保安、保洁
7. 安排人员在站厅两端设备区门口利用沙袋及防洪膨服袋搭建防洪墙，避免雨水倒灌至设备区。 8. 雨水有可能漫过通道与站厅的防洪墙进入站厅及设备区，配合工电专业人员打开站厅内的去水花格进行排水；可能影响邻线时，及时组织在邻线阀断处进行防洪墙搭建。 9. 达到关站条件或接到关站命令时，执行关站程序，组织疏散站内乘客，采取客流组织措施。 10. 当雨水倒灌至站台，经现场抢险救援主任同意，通知行车值班员打开两侧屏蔽门排水。 11. 当水位回落后，车站站内、轨行区积水清理完毕后，组织人员清理车站卫生。 12. 车站接到开站命令后，组织车站人员撤除关站告示，开启相关的服务设施设备	6. 当雨水倒灌至站台，经现场抢险救援主任同意，向行调申请打开两侧屏蔽门排水。 7. 水位逐渐下降后，确认行车基本条件和各类服务设备恢复情况，具备开站条件后，按值班站长指令向OCC申请开站				

（3）达到单条线路或线网停运条件时，由网络运营控制中心请示分公司主要领导同意后，向线网 OCC 下达线路或线网停运命令；紧急情况可由 OCC 直接下达单条线路停运命令，并向网络运营控制中心上报。

（4）网络运营控制中心、办公室按信息上报流程向集团公司值班室或综合办公室报送车站关站，部分区段、单线或线网停运信息；网络运营控制中心负责向市交通局报送关站、线路、线网停运信息。

（5）因极端暴雨自然灾害导致关站，部分区段、单线或线网停运时，网络运营控制中心通知各 OCC 发布乘客信息系统信息，相关车站值班员、列车司机做好广播。

（6）党群工作部做好极端暴雨自然灾害情况下关站，部分区段、线路、线网停运等重大紧急事件的公告、处置应对和新闻媒体宣传解释工作。

2. 极端暴雨自然灾害处置流程

1）处置原则

（1）不具备安全运行条件的，应坚决停运；对于超设计暴雨强度等非常规情况，应采取停运列车、车站疏散乘客、关闭车站等应急措施。

（2）未尽事宜参照运营分公司综合和相关专项应急预案。

2）极端暴雨自然灾害关站、停运条件

（1）关站条件（满足以下其中之一的执行关站）。

① 突发暴雨或橙红色预警，雨水漫过出入口第一个台阶，车站在出入口搭建防洪墙，车站出入口水位接近车站出入口外最高台阶时，关闭该出入口；该车站不能满足两个出入口运作条件或车站有雨水倒灌情形时关站。

② 因外部施工、基坑、管道破裂等原因，造成车站通道、站厅、站台、设备区出现大面积积水，影响乘客安全时关站。

③ 因其他特殊原因，车站接到关站命令时执行关站程序。

（2）线路停运条件。

① 轨行区积水漫过轨面，受影响区段停运。

② 因积水区段造成该条线路无法组织小交路行车时，该线路停运。

③ 外部积水大量涌入车辆段/停车场或高架区段敞口段时，受影响区段或该线路停运。

（3）线网停运条件。

① 线网中一条线路停运且雨势有扩大趋势时，线网全部停运。

② 线网中两条及以上线路停运时，线网全部停运。

3）处置流程

（1）关站处置流程，如表 4-2-3 所示。

（2）部分区段停运处置流程，如表 4-2-4 所示。

（3）单条线路停运处置流程，如表 4-2-5 所示。

（4）线网停运处置流程，如表 4-2-6 所示。

3. 暴雨应急处置要点

1）雨水倒灌至车站出入口

（1）当雨势较大、人员聚集较多，大量雨水飘入时，车站视情况关闭受影响的出入口电扶梯、出入口到站厅的直梯。

（2）当出入口（或应急疏散通道）积水有可能漫过一层台阶时，车站组织员工在出入口搭建防洪墙（重点车站搭建防汛挡板），并提示注意安全；上报请求人员支援。

表4-2-3　车站关站处置流程

关站处置流程

站长	值班站长	行车值班员	客运值班员	票亭岗	站台岗	保安、保洁
1. 达到关站条件或接到关站命令后，立即组织车站各岗位执行关站程序，组织疏散乘客，协调驻站工班、驻站民警进行支援，向分部或总部门申请应急救援及物资力量。 2. 实时跟进现场事态发展及处置情况，指导车站完成疏散及乘客疏散等工作	1. 达到关站条件或接到关站命令后，值班站长向各岗位下达关站指令，执行关站程序，及时将现场情况通报行车值班员。 2. 安排人员在各出入口执行只出不进，照明不足时及时携带照明备品。 3. 确定站内乘客疏散路径，在疏散路径关键位置（如电梯、闸机、边门等处）安排站务、保安、保洁站到位引导乘客进站，对车站及站口疏散完毕后安排人员张贴告示，关闭出入口卷帘门（各物业岗位），留应急出入口安排人员值守，接应应急救援队伍。 4. 配合专业抢险或根据行令组织车站全员撤离	1. 接到值班站长关站命令后立即上报行调、站长，命令生产调度部门向行调申请越站，向驻站民警（辅警）及邻站申请支援。 2. 释放车站闸机，播放关站广播，密切关注CCTV，视情向外部救援力量（"119""120""110"）请求支援，并安排人员至各出入口接应支援力量。 3. 做好信息续报工作	1. 按值班站长指令疏散乘客，发现乘客受伤积极救助。 2. 安排人员取各出入口遥控室拿取票箱钥匙及直梯钥匙（钥匙），直梯告示至各出入口拦截进站乘客。 3. 关闭出入口扶梯、直梯。 4. 站内疏散完毕后，安排人员关闭出入口。 5. 张贴告示，留口接应站内、外部应急救援力量	1. 接到关站、疏散命令后，票亭岗收好钱票箱、锁闭票亭门，打开边门及应急疏散口，引导乘客出站。 2. 发现乘客受伤立即上报请求支援。 3. 确认站厅乘客疏散完毕，直梯无困人后上报车控室	1. 接到关站、疏散命令后，站台岗执行清客作业，关闭站台扶梯，引导乘客出站。 2. 发现乘客受伤立即上报现场支援。 3. 确认站台乘客疏散完毕，直梯无困人后，站台卷帘人后上报车控室	1. 关闭安检设备，打开过街通道，控制铁马等应急疏散口，至出入口拦截站乘客。 2. 协助车站疏散站内乘客，维持现场秩序，乘客疏散完毕后关闭出入口卷帘门，做好乘客解释工作。 3. 听从车站行车值班员安排至出入口接应，地面支援力量到站后引导至站内

表4-2-4 部分区段停运处置流程

站长	值班站长	行车值班员	客运值班员	票亭岗	站台岗	保安、保洁
1. 协调驻站工作，驻站民警等支援力量。 2. 若本站为停运区段或受影响车站，则立即组织车站各岗位执行关站处置流程，疏散站内以及本站站台候车上的乘客，关闭出入口只执行只出不进，关闭出入口卷帘门后张贴告示，关闭业务合部位，留应急出入口卷帘门（含物业合部位），留应急出入口接应应急救援队伍。组织车站专业抢险或根据调令命令区间疏散，公交接驳等工作。 2. 未停运车站非停运区段，做好客运服务工作，根据现场情况组织做好客流管控、线控措施，维持站内运作秩序	1. 停运区段或受影响车站到令后，组织人员疏散乘客，制定流散路径，安排人员在各出入口执行只出不进，乘客疏散完毕后张贴告示，关闭出入口卷帘门（含物业合部位），留应急出入口接应应急救援队伍。组织车站专业抢险或根据调令命令区间疏散，公交接驳等工作。 2. 未停运车站做好客运服务工作，如区段停运导致本站进出站客流大幅增加，组织及时采取站控、线控措施，维持站内运作秩序。	1. 接到车站人员报告轨行区积水严重，漫过轨面时，立即上报行调。 2. 接到部分区段停运命令后，立即通知值班站长、站长。 3. 播放广播（停运区段或受影响车站播放极端天气关车站清客广播，辅应急出入口卷帘运行门），释放闸机，向驻站民警（辅警）申请支援，向邻站、客运生产调度及外部请求支援，向应急生产调度及外部救援力量（"120""110""119"）请求支援，并安排人员至出入口接应应急支援力量。 4. 做好信息续报工作；接到区间疏散完成交接驳等信息后立即通知值班站长，并按照相关处置程序执行	1. 协助疏散站内乘客，发现乘客受伤积极救助，组织保洁站在出入口拦截进站乘客，关闭出入口扶梯、直梯，在各出入口张贴关站告示。接到公交接驳通知后，组织人员开展公交接驳运送乘客；通知客运停止售票作业，关闭票亭协助关站，应急口接应内、外部数援力量。 2. 未停运车站运营值班员做好停运区段客流组织工作，通知票亭岗做好停运区段乘客退票影响服务工作	1. 立即打开闸边门引导乘客有序出站，若发现乘客受伤，立即上报请求支援，确认站厅乘客疏散完毕，直至区间人员后上报车控，需要区间疏散时，协助疏散乘客。 2. 其他车站根据停运区段做好乘客解释及服务工作	1. 立即协助完成疏散乘客工作，关闭站台扶梯、直梯。 2. 若发现乘客受伤，立即上报请求支援，确认站台乘客疏散完毕，站台卫生间、站台困人后上报车控，直至区间人员后上报站长室；需要区间疏散时，协助疏散乘客进区间疏散乘客。 3. 其他车站根据停运区段做好乘客解释及服务工作	1. 关闭安检设备，打开过街通道、客流控制铁马等应急疏散口，在出入口拦截进站乘客，协助乘客疏散，维持现场秩序、乘客疏散完毕后关闭出入口卷帘门，做好客流的解释引导工作；公交接驳时引导乘客至相应公交乘坐公交接驳车。 2. 其他车站做好乘客解释及服务工作

表4-2-5 单条线路停运处置流程

单条线路停运处置流程

站长	值班站长	行车值班员	客运值班员	票亭岗	站台岗	保安、保洁
1. 协调驻站工班、驻站民警等支援力量，若本站属于停运线路，则立即组织车站各岗位执行关站流程，疏散站内以及本站站台上的乘客，疏散完毕后张贴告示，关闭出入口卷帘门（含物业结合部出入口卷帘门、留应急出入口位），接应应急救援队伍，组织专业抢险或根据行调命令组织区间乘客疏散。 2. 若本站属于非停运线路，则组织车站各岗位做好客流组织工作，根据现场情况组织做好线控、线控措施，维持站内运作秩序	1. 停运线路车站值班站长收到单条线路停运命令后，立即通知生产调度、站长，组织人员到关站指令后，制定疏散路径，疏散乘客，疏散完毕后张贴告示，关闭出入口卷帘门（含物业结合部出入口卷帘门、留应急出入口位），接应应急救援队伍。 2. 其他线路车站根据停运线路做好乘客解释及服务工作。	接到单条线路停运命令后，立即通知值班站长、站长，上报部门生产调度，根据OCC指令在站开展工作，向驻站民警（辅警）申请支援，释放车站闸机，播放关站广播，发现异常情况立即报警。密切关注CCTV，做好信息续报等工作	1. 停运线路车站，协助疏散站内乘客，发现乘客受伤时积极救助，组织保洁在各出入口拦马截进站乘客；关闭出入口扶梯、直梯，在各出入口张贴关站告示，在应急口接应内、外部应急救援力量。 2. 其他线路车站根据停运线路做好乘客解释及服务工作。	1. 停运线路车站，立即协助完成乘客疏散工作，打开边门引导乘客有序出站，若发现乘客受伤则立即上报站台，确认站台无困人后上报站控室。 2. 其他线路车站根据停运线路做好乘客解释及服务工作	1. 停运线路车站，立即协助完成乘客疏散工作，关闭站台扶梯、直梯，引导乘客有序出站，若发现乘客受伤则立即上报站台请求支援，确认乘客疏散完毕，站台卫生间、站台无困人后上报车控室。 2. 其他线路车站根据停运线路做好乘客解释及服务工作	1. 停运线路车站，则关闭安检设备、客流控制铁马等应急疏散通道，打开过街通道、客流控制铁马等，在出入口拦马截进站乘客，协助车站疏散站内乘客、维持现场秩序，乘客疏散完毕后关闭出入口卷帘门，做好乘客的解释工作。 2. 其他线路车站根据停运线路做好乘客解释及服务工作。

表4-2-6　线网停运处置流程

站长	值班站长	行车值班员	客运值班员	票亭岗	站台岗	保安、保洁
1. 协调驻站工班、驻站民警等支援力量，立即组织关站各岗位执行关站程序，疏散站内以及本站站台列车上的乘客。 2. 疏散完毕后张贴告示，关闭出入口卷帘门（含物业结合部位），留应急出入口（位），接应应急救援队伍。 3. 组织专业抢险或根据行调命令组织区间乘客疏散	1. 接到线网停运命令后，立即通知值班站长，上报部门生产调度，控制中心、向驻站民警（辅警）及邻站申请支援。 2. 释放车站闸机，播放应急疏散广播，密切关注CCTV，发现异常情况立即报告。 3. 做好信息传递续报等工作	1. 接到线网停运的命令后，立即组织执行关站程序，疏散站内人员在各出入口执行只出不进。 2. 乘客疏散完毕后张贴告示，关闭出入口卷帘门（含物业结合部位），留应急出入口，留应急出入口接应应急救援队伍。 3. 做好乘客解释及服务工作	1. 协助疏散站内乘客，发现乘客受伤则积极救助。 2. 组织保洁在各出入口拦截进站乘客，关闭出入口扶梯、直梯。 3. 在各出入口张贴告示，在应急出入口接应内、外部应急援力量。 4. 做好乘客解释及服务工作	1. 协助完成乘客疏散工作，关闭手边门引导乘客有序出站。 2. 发现乘客受伤则立即上报请求支援。 3. 确认站厅乘客疏散完毕、直梯无困人后上报车控室。 4. 做好乘客解释及服务工作	1. 协助完成乘客疏散工作，关闭站台扶梯、直梯。 2. 发现乘客受伤则立即上报请求支援。 3. 确认站台乘客疏散完毕，站台卫生间、直梯无困人后上报车控室。 4. 做好乘客解释及服务工作	1. 关闭安检设备，打开过街通道，控制铁马等应急疏散口，在出入口拦截进站乘客，协助车站疏散乘客，维持现场秩序，乘客疏散完毕后关闭出入口卷帘门。 2. 做好乘客解释及服务工作

（3）安排各岗位引导乘客由未发生倒灌的出入口进出车站，同时进行广播；在发生倒灌的出入口张贴告示，禁止乘客进出。

2）雨水倒灌至出入口通道内

（1）当雨水有可能漫过出入口防洪墙倒灌进通道内时，车站组织员工在通道与站厅连接处排水槽后方用沙袋搭建防洪墙。

（2）关闭站厅至站台电扶梯、直梯；在站厅两端设备区门口利用沙袋及防洪膨胀袋搭建防洪墙，避免雨水倒灌至设备区。

3）雨水倒灌至站厅及设备区

（1）雨水有可能漫过通道与站厅的防洪墙时进入站厅及设备区，车站人员配合工电专业人员打开站厅内的去水花格进行排水。

（2）立即报告控制中心水害发展情况。

（3）立即组织疏散站内乘客，并视情况向控制中心申请关站。

4）雨水倒灌至站台

（1）及时报告控制中心水害发展情况。

（2）经现场抢险救援主任同意，向控制中心申请打开两侧屏蔽门排水，机电专业人员短接互锁解除后，人为操作就地控制盘（PSL）同时打开所有站台门，将雨水排入轨行区。

5）雨水倒灌至轨行区

车站安排人员密切关注轨行区积水情况，配合专业进行排水。

二、恶劣天气应急处置

1. 雷雨大风应急处置

（1）车站关注预警信息发布，收到恶劣天气预警信息后，做好信息传递。根据即时气象信息和实际情况做好乘客服务工作。

（2）车站加强对出入口、站厅、站台、过街天桥、高架区段轨行区及车站周边区域巡视检查；重点防汛车站调集站务、保安、保洁等驻站人员做好抢险准备，其他车站视情况采取应急措施。

（3）做好车站防滑措施，对聚集在站内及出入口避雨的乘客做好疏导，根据预警级别和车站周边积水情况，搬运防汛物资至重点出入口，搭建防洪墙（或防汛挡板），提示注意安全，视情况关停受影响的出入口电扶梯、出入口到站厅的直梯。

（4）如发现车站出入口等处被强风破坏严重等险情，关闭受影响的出入口，及时封闭现场，报控制中心及相关专业生产调度。

注意事项：大风恶劣天气期间，因强风造成高架区段车站过街天桥、站台顶棚、出入口等处被强风破坏严重或可能危及运营安全时，车站及时向 OCC 报告现场情况，视现场情况向 OCC 申请关站，根据 OCC 指令执行乘客疏散和车站关站等命令。现场突发情况处置结束或已处于可控状态，车站开站，并上报所属 OCC。

2. 高温应急处置

（1）加强车站巡视，重点关注高架区段车站区域，做好乘客服务，合理安排人员，增加人员轮替频次。

（2）对有需求的乘客、员工及时提供防暑降温帮助。

（3）发现设备异常，立即报告行调，并做好应急处置工作。

3. 大雾（霾）应急处置

（1）因受大雾（霾）影响，场（段）需提前出车时，车站按控制中心命令提前进行运营前检查。

（2）高架站台遇瞭望距离不足时，增加人员协助司机确认站台情况和屏蔽门状态，在适当位置向司机显示"好了"信号。

（3）车站做好乘客服务。

（4）因大雾（霾）影响，车站做好突发大客流应对工作。

4. 暴雪、道路结冰、冰雹、霜冻应急处置

（1）加强对车站出入口、楼梯、高架站台、过街天桥等区域的巡视检查，组织车站站务、保安、保洁等人员清扫出入口、站外 5 m 内的积雪，撒融雪剂等工作，及时铺设防滑垫，防止发生客伤。

（2）受恶劣天气影响，场（段）需提前出车时，按控制中心命令提前进行运营前检查。

（3）道岔融雪装置故障时，配合通号专业清扫道岔积雪；站台遇暴雪等恶劣天气瞭望距离不足时，增加人员协助司机确认站台情况，在适当位置向司机显示"好了"信号。

（4）检查车站出入口设施的状况，若有受损情况，立即隔离受影响区域，并报维修人员抢修；发现出入口人员聚集，视情况关停出入口扶梯，疏导聚集客流。

5. 接触网结冰、钢轨结冰应急处置

（1）接报段（场）接触网覆冰，提前组织出车信息后，车站组织人员（站台岗）提前做好接车准备。

（2）接报航天城OCC指令：段（场）接触网覆冰较厚或严重，不具备出车条件，执行出车（工程车牵引电客车）、除冰同步进行抢险方案，车站做好电客车晚点预想，开站后做好乘客服务、客流组织工作；做好因晚点等导致的大客流应对准备工作以及引导疏散工作；同时针对可能产生乘客投诉及舆论影响，做好现场解释和致歉工作。

知识链接

车站重点防汛物资使用说明（车站根据本站实际情况选择纳入）

1. 卡槽式防汛挡板的组成及使用

挡板：A、C口各6个，B、D口各3个，共搭建三层，带加厚橡胶条的为最底下一层（右图）。

卡槽：分为固定卡槽和活动卡槽，用来固定挡板。固定卡槽（左图），每个出入口左右各一个。活动卡槽（右图），固定在中间，用来连接左右挡板，固定挡板位置。

基座：镶在出入口中间部位，其中 4 个大螺丝用来固定卡槽位置。

其他零件：小六方起，大六方起，垫片，卡槽盖板。

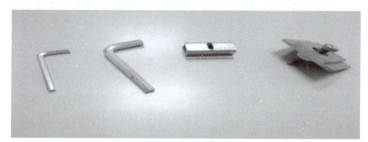

大小六方起用来安装、卸载，垫片和卡槽盖板用来固定挡板防止上下活动。

使用方法：

第一步：先用大六方起将基座的4个螺丝卸下。

第二步：将活动卡槽放置在基座上方（卡槽带螺丝一侧向站内，方便操作），用基座螺丝临时固定，因活动卡槽可左右轻微调整位置，待位置正确再将螺丝上紧，固定活动卡槽。

第三步：将挡板沿卡槽位置放置在槽内，所有挡板放置要求带橡胶条一侧向下。先保证左右各放置一层，用卡槽上的螺丝固定挡板，再依次叠加。

第四步：放置三层后，卡槽盖板插进卡槽上方卡槽内，将垫片倒扣在挡板上沿，将卡槽盖板上螺丝对准卡槽上小孔，用小六方起上紧。

2. L形挡板配合沙袋、防洪膜的使用

搭建位置：E、F出入口部位原则上在电扶梯盖板与卷帘门之间搭建，不得搭建在卷帘门下方；站厅与通道连接部位在排水槽后方搭建。

使用方法：铺设防洪膜→放置挡水板→在挡水板上放置沙袋（根据需求确定摆放层数，沙袋需全部竖向摆放）→放置完沙袋后用防洪膜将沙袋和挡板全部包住→在防洪膜上放置沙袋压实防洪墙→使用防洪膨胀袋将缝隙进行填塞。

沙袋（无挡板）配合防洪膜、膨胀袋的使用：

（1）使用位置：站厅与通道连接部位、设备区通道口或其他有需要的位置。

（2）铺设防洪膜→在防洪膜上放置沙袋（根据需求确定摆放层数，沙袋需全部竖向摆放）→用防洪膜将沙袋包裹→在防洪膜上放置沙袋压实防洪墙→使用防洪膨胀袋将缝隙进行填塞。

（3）使用防洪膨胀袋前需将膨胀袋在水里泡胀后使用。

备注：视现场实际情况，及时向南稍门站借用伸缩式防汛挡水板及防水引流悬挂隔挡布。

3. 伸缩式防汛挡水板的使用

伸缩式防汛挡水板主要由高强度钢管、防水牛津布、魔术贴等部件组合而成，可收缩、可转弯，展开尺寸为70 cm（长）×90 cm（高）×85 cm（宽）；收缩后尺寸为70 cm（长）×90 cm（高）×15 cm（宽）。底部有高强度钢管，可以防止水流冲击，减缓水流流速；防水牛津布能维持水平面的水压平衡，降低水对挡板的冲击力，防止挡板击倒。每块挡板附着6块魔术贴（左侧3块、右侧3块），为便于描述，将魔术贴进行编号，分别为左表1、左表2、左表3、右表1、右背2、右背3。

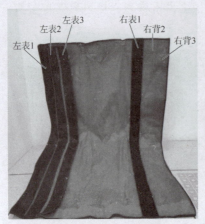

伸缩式防汛挡水板基本操作说明：伸缩式防汛挡水板连接是利用挡板自带的魔术贴粘连而成，分为正常连接和转弯连接两种；连接方式可供参考，也可根据现场实际使用灵活粘贴。（以两块挡板为例，假定一块为挡板 A，另一块为挡板 B）

正常连接：将挡板 A 的魔术贴（右背 2、右背 3）覆盖粘贴挡板 B 的魔术贴（左表 1、左表 2），再将挡板 B 的魔术贴（左表 3）向左折叠粘贴挡板 A 的魔术贴（右表 1），6 块魔术贴粘连完毕，挡板整理拉展即连接完成。

转弯连接：将挡板 A 的魔术贴（右背 3）与挡板 B 的魔术贴（左表 1）进行粘连，两块魔术贴粘连完毕，将挡板 A 向内或向外旋转至一定角度（最大转弯半径 30°）即连接完成。

防水引流悬挂隔挡布主要由防水布、专用"S"挂钩等部件组合而成，可折叠、方便挪移，尺寸有两种（3 m×3.5 m，3 m×5 m）。

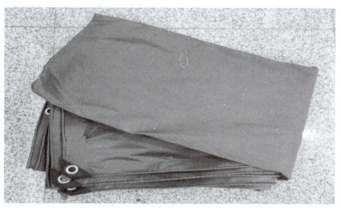

防水引流悬挂隔挡布基本操作说明：
第一步，将防水布展开。

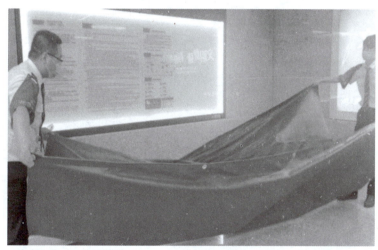

第二步，将挂钩一头钩进防水布预留孔内。

第三步，使用撑杆撑起挂钩另一头，挂至天花板边缘上或者天花板附近吊顶龙骨上，根据现场漏水位置选择即可。

第四步，如现场悬挂位置较高或者悬挂不稳定，可以使用三步梯配合使用。

第五步，根据现场实际情况可变化挂钩的形状，确保组织好现场应急抢险工作。

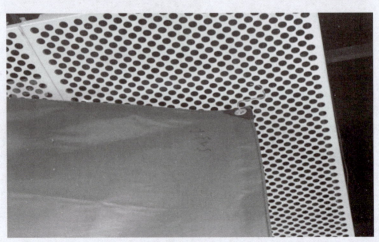

【素质素养养成】

（1）当车站发生自然灾害事件时，应该具备迅速的反应能力去选择正确的处理流程，能够沉着冷静地处理自然灾害事件。

（2）在进行车站自然灾害事件处置时，应该遵循"先控制、后处置、救人第一"的指导思想，要以人为本，始终把保障人民群众的生命财产安全放在第一位。

（3）在进行车站极端暴雨自然灾害应急处置时，要遵守处置流程，车站各岗位人员各尽其责、团队协作完成极端暴雨自然灾害事件处置。

（4）在车站发生自然灾害事件后，应按照不同的处置流程，快速处理该事件，要有忠于职守、尽职尽责的工作态度。

【任务分组】

学生任务分配表

班级		组号		指导教师	
组长		学号			
	姓名	学号		姓名	学号
组员					
任务分工					

【自主探学】

任务工作单1

组号：_____ 姓名：_____ 学号：_____ 检索号：4217-1

引导问题：

（1）车站发生水害之后如何进行信息报送？

_____

_____

_____

_____

_____

_____

_____

（2）请说出车站防汛抢险处置岗位职责。

_____

_____

_____

_____

_____

_____

任务工作单 2

组号：_____ 姓名：_____ 学号：_____ 检索号：4217-2

引导问题：

（1）请描述车站发生极端暴雨自然灾害处置要点。

_____

_____

_____

_____

_____

_____

（2）请描述车站发生恶劣天气应急处置流程。

_____

_____

_____

_____

_____

（3）请用思维导图完成车站发生极端暴雨自然灾害特殊情况下的车站关站、部分区段停运、单条线路停运、线网停运处置流程，并根据流程图分角色进行模拟演练。

_____

_____

_____

_____

_____

_____

【合作研学】

任务工作单

组号：＿＿＿＿＿＿＿＿ 姓名：＿＿＿＿＿＿＿＿ 学号：＿＿＿＿＿＿＿＿ 检索号：4218-1

引导问题：

（1）小组交流讨论，教师参与，形成正确的极端暴雨自然灾害特殊情况下的应急处理流程图。

＿＿＿＿＿＿＿＿＿＿＿＿＿＿＿＿＿＿＿＿＿＿＿＿＿＿＿＿＿＿＿＿＿＿＿＿＿

＿＿＿＿＿＿＿＿＿＿＿＿＿＿＿＿＿＿＿＿＿＿＿＿＿＿＿＿＿＿＿＿＿＿＿＿＿

＿＿＿＿＿＿＿＿＿＿＿＿＿＿＿＿＿＿＿＿＿＿＿＿＿＿＿＿＿＿＿＿＿＿＿＿＿

＿＿＿＿＿＿＿＿＿＿＿＿＿＿＿＿＿＿＿＿＿＿＿＿＿＿＿＿＿＿＿＿＿＿＿＿＿

（2）记录自己存在的不足。

＿＿＿＿＿＿＿＿＿＿＿＿＿＿＿＿＿＿＿＿＿＿＿＿＿＿＿＿＿＿＿＿＿＿＿＿＿

＿＿＿＿＿＿＿＿＿＿＿＿＿＿＿＿＿＿＿＿＿＿＿＿＿＿＿＿＿＿＿＿＿＿＿＿＿

＿＿＿＿＿＿＿＿＿＿＿＿＿＿＿＿＿＿＿＿＿＿＿＿＿＿＿＿＿＿＿＿＿＿＿＿＿

【展示赏学】

任务工作单

组号：＿＿＿＿＿＿＿＿ 姓名：＿＿＿＿＿＿＿＿ 学号：＿＿＿＿＿＿＿＿ 检索号：4219-1

引导问题：

（1）每小组推荐一位小组长，汇报极端暴雨自然灾害特殊情况下的应急处理流程图，借鉴每组经验，进一步优化方案。

＿＿＿＿＿＿＿＿＿＿＿＿＿＿＿＿＿＿＿＿＿＿＿＿＿＿＿＿＿＿＿＿＿＿＿＿＿

＿＿＿＿＿＿＿＿＿＿＿＿＿＿＿＿＿＿＿＿＿＿＿＿＿＿＿＿＿＿＿＿＿＿＿＿＿

＿＿＿＿＿＿＿＿＿＿＿＿＿＿＿＿＿＿＿＿＿＿＿＿＿＿＿＿＿＿＿＿＿＿＿＿＿

＿＿＿＿＿＿＿＿＿＿＿＿＿＿＿＿＿＿＿＿＿＿＿＿＿＿＿＿＿＿＿＿＿＿＿＿＿

＿＿＿＿＿＿＿＿＿＿＿＿＿＿＿＿＿＿＿＿＿＿＿＿＿＿＿＿＿＿＿＿＿＿＿＿＿

（2）检讨自己的不足。

＿＿＿＿＿＿＿＿＿＿＿＿＿＿＿＿＿＿＿＿＿＿＿＿＿＿＿＿＿＿＿＿＿＿＿＿＿

＿＿＿＿＿＿＿＿＿＿＿＿＿＿＿＿＿＿＿＿＿＿＿＿＿＿＿＿＿＿＿＿＿＿＿＿＿

＿＿＿＿＿＿＿＿＿＿＿＿＿＿＿＿＿＿＿＿＿＿＿＿＿＿＿＿＿＿＿＿＿＿＿＿＿

【评价反馈】

任务二　设备故障特殊情况下的车站客运组织

【任务描述】

当地铁车站发生设备故障时，当值负责人应立即报告行调、相关安全负责人，组织员工采取积极措施进行处理，维持乘客秩序，保护乘客和员工生命安全，尽快恢复服务。结合所在城市地铁运营企业岗位设置、工作职责划分，实训场地和设备，分岗位模拟演练设备故障应急处理流程。

【学习目标】

1. 知识目标

（1）掌握屏蔽门故障的应急处理；

（2）掌握 AFC 设备故障的应急处置流程。

2. 能力目标

（1）能分岗位模拟演练部分滑动门不能正常打开或关闭时的处置流程；

（2）能分岗位模拟演练列车发车时，整侧滑动门不能正常关闭的处置流程；

（3）能分岗位模拟演练列车到站后，整侧滑动门不能打开的处置流程；

（4）能分岗位模拟演练屏蔽门夹人夹物时的处置；

（5）能分岗位模拟演练 AFC 设备故障的应急处置流程。

3. 素质目标

（1）养成遵守规章、勇于担当的职业素养；

（2）养成以人为本、安全第一的服务意识；

（3）养成严谨认真、专注负责的职业道德；

（4）养成忠于职守、尽职尽责的工作态度。

【任务分析】

1. 重点

（1）部分滑动门不能正常打开或关闭的应急处置；

屏蔽门故障的
应急处置

车站站台门
故障应急处置

站台门单门关门
故障—站务员处置

站台门单门开门
故障—站务员处置

站台门多门关门 站台门多门开门 站台门整侧门关门 站台门整侧门开门
故障—站务员处置 故障—站务员处置 故障—站务员处置 故障—站务员处置

（2）屏蔽门夹人夹物的应急处置。

列车未启动时站台门 列车未启动时站台门 列车未启动时站台门
夹物—站台巡视员 夹物—行值处置 夹物—值站处置

列车已启动时站台门 列车已启动时站台门 列车已启动时站台门
夹物—站台巡视员 夹物—行值处置 夹物—值站处置

2. 难点

AFC 设备故障的应急处置。

【相关知识】

一、屏蔽门故障的应急处置

（一）部分滑动门不能正常打开或关闭时的处理

1. 站台站务员

（1）发现屏蔽门故障或门头指示灯报警时，立即将故障门隔离，将情况报车控室。

（2）引导乘客从正常滑动门上下车（当一节车厢对应屏蔽门全部不能正常开启时，需至少手动打开一挡滑动门，引导乘客上下车）。

（3）车门关闭后，确认站台安全向司机显示"好了"信号，必要时用电台与司机联系。

（4）待列车发车后，张贴故障告示，对无法关闭的滑动门需手动进行关闭。

（5）对手动不能关闭的滑动门，加设安全防护栏，并加强监督防护。

2. 行车值班员

（1）接报后，立即将屏蔽门故障现象报告值班站长和行调。

（2）通过 CCTV 监控站台情况，做好站台乘客广播，引导乘客从正常滑动门上车。

（3）出现三挡及以上滑动门故障车站无法及时进行隔离时，立即报行调。

（4）通知站台站务员确认站台安全后向司机显示"好了"信号。

（二）列车发车时，整侧滑动门不能正常关闭（使用 PSL 仍不能关闭）的处理

1. 站台站务员

立即报车控室，待上下客完毕并做好现场防护后，向司机显示"好了"信号。

2. 行车值班员

（1）通报值班站长、行调，行调可根据列车运行实际情况做出列车越站通过或不上下客作业（首末班车除外）等相应调整。

（2）加强车站站台乘客安全广播。

（三）列车到站后，整侧滑动门不能打开（使用 PSL 仍不能开启）时的处理

1. 站台站务员

（1）接到车控室通知后，立即手动开启 6 挡滑动门，要求每节车厢不少于一挡门（尽可能做到每隔 5 挡打开 1 挡滑动门），要求先将其隔离、断电，再手动打开（方大屏蔽门只需打开至隔离位），同时做好现场防护。

（2）引导乘客从已开启门上下车。

（3）对乘客自行手动打开的屏蔽门立即进行隔离并断电。

（4）乘客上下完毕，确认站台安全后，向司机显示"好了"信号。

（5）车站根据站台站务员数量，利用后续 2~3 列车的行车间隔，陆续手动打开滑动门（每节车厢相对应开启的滑动门最多不超过 3 挡），同时做好现场防护。

（6）后续列车到站后组织乘客从已开启的屏蔽门上下车，乘客上下车完毕后，向司机显示"好了"信号。

2. 行车值班员

（1）通知站台站务员立即手动打开相应滑动门，同时做好乘客广播。

（2）通报值班站长、行调。

（3）站台手动开启屏蔽门后，将 IBP 上"关门"灯的状态及车站后续处理及时通报行调。

（四）屏蔽门夹人夹物时的处理方法

1. 站台人员

（1）发现屏蔽门夹人夹物，立即就近按动紧急停车按钮。

（2）及时采用手动开启屏蔽门进行处理。

（3）处理完毕后确认屏蔽门正常关闭，如不能正常关闭则隔离相应屏蔽门，并将情况向车控室汇报。

2. 行车值班员

（1）接报屏蔽门夹人夹物车辆被紧急停车时，通知值班站长到现场处理。

（2）利用 CCTV 观察现场情况；需要时，通知公安或运管办到场协调处理。

（3）接到站台保安/站台站务员处理完毕的报告后，取消紧急停车，恢复正常运作，向行调汇报。

二、AFC 设备故障的应急处置

当发生 AFC 设备故障时，值班站长应及时赶赴现场确认车站所有故障状态，安排客运值班员查找故障原因并尝试恢复设备，通知各岗位做好车站客流组织应对工作，通知保安、保洁、驻站维修人员现场支援。

行车值班员及时在 SC 上确认并通知值班站长、客值至现场处置，报机电生产调度（票务专业），向行调、客运生产调度报备。做好信息续报和内外沟通协调工作，并做好事件相关记录。

站务员将站台客流情况实时报送车控室，与站厅负责人联控，根据站台客流情况组织乘客分批下站台候乘；做好站台客流引导，维护站台秩序。

保安、保洁、安检接到车控室通知后负责人及时至车控室听从车站安排，组织人员配合实施客流引导和控制。具体处理程序如表 4-2-7 所示。

表 4-2-7　车站 AFC 设备故障应急处理程序

步骤	人员	处理方法
1	行车值班员	车站 AFC 设备故障后，及时在 SC 上确认并通知值班站长、客值至现场处置，报机电生产调度（票务专业），向行调、客运生产调度报备
2	值班站长/站长	1. 接到 AFC 设备故障信息后，及时赶赴现场确认车站所有故障状态。 2. 安排客运值班员查找故障原因并尝试恢复设备。 3. 通知各岗位做好车站客流组织应对工作，通知保安、保洁、驻站维修人员现场支援。 4. 视情况安排人员对部分闸机进行断电，人工回收单程票，引导乘客由边门出站
3	客运值班员	1. 接到 AFC 设备故障信息后，及时赶赴现场确认故障状态，并报告车控室。 2. 查找设备故障原因，并在票务专业调度的指导下进行设备恢复尝试。 3. 组织好现场票务处理工作，全部进/出闸机故障时引导乘客从边门进/出站（具体操作规定参见《车站票务应急处理程序》）。 4. 负责大客流情况下的票务应急处理，并指挥票亭岗进行客流疏导。 5. 抢修人员到达前，提前准备 AFC 设备钥匙等相关物品
4	站台岗	1. 将站台客流情况实时报送车控室，与站厅负责人联控。 2. 根据站台客流情况组织乘客分批下站台候乘；做好站台客流引导，维护站台秩序
5	票亭岗	1. 发现全部进/出站闸机故障后及时报车控室，按照值站意见开放边门，对部分闸机断电引导乘客进/出站。 2. 引导使用长安通、票亭纪念票的乘客从边门出站，并告知乘客下次乘车时扣除车费后，方可使用。 3. 能正确处理使用二维码乘客的票务事宜

步骤	人员	处理方法
6	值班站长	1. AFC 设备抢修人员到位后，与抢修人员做好信息交流与沟通，安排行值做好信息续报。 2. 根据现场客流情况组织实施客流控制，准确判断现场大客流级别（三级、二级、一级），达到条件后及时通知行值按程序上报审批，执行各级别的大客流响应措施
7	行车值班员	1. 现场大客流达到某一级别条件（三级、二级、一级）后，及时按值班站长/站长指令报告上级审批，同意后报告值班站长。 2. 播放客流控制广播，对车站重点客流区域切换 CCTV 进行监控，向电力及防灾调度申请增加站内新风量。 3. 做好信息续报和内外沟通协调工作，并做好事件相关记录
8	票亭岗	正确执行大客流情况下的票务应急处理
9	保安、保洁、安检	1. 接到车控室通知后负责人及时至车控室听从车站安排，组织人员配合实施客流引导和控制。 2. 安检员接到客流控制要求后按要求执行，减慢乘客进站速度，维持现场秩序。 3. 接收到乘客受伤信息后，听从站务人员安排，协助隔离事发区域，保护现场和站内客流引导。 4. 支援人员及时到岗按照要求开展工作，协助车站做好乘客解释与疏散工作，维护现场秩序；协助值班站长设置隔离栏杆、救助伤员、疏散围观乘客
10	值班站长	设备修复后，组织确认设备情况，通知各岗位做好恢复正常运营准备
11	客运值班员	设备修复后，按照值班站长命令检查车站所有 AFC 设备是否已恢复正常，做好恢复正常运营准备
12	票亭岗	正确执行大客流情况下的票务应急处理流程。检查本岗位设施设备状态，做好恢复正常运营准备

小贴士

如何正确处理二维码车票

当大量 App 二维码用户无法生成二维码，导致大量乘客无法进出站时，应及时采取客流控制措施，比照进出站闸机全部故障进行客流组织，引导乘客从边门进/出站。无信号离线二维码使用指引如下：

1. 支付宝

打开支付宝→单击"出行"→选取地铁"乘车码"→即可打开离线二维码刷码进站（可实现刷新）。

或打开支付宝→单击"卡包"→选取"西安电子地铁卡"→单击"去刷码"→即可打开离线二维码刷码进站（可实现刷新）。

注：手机无信号时无法通过支付宝实现刷码。

2. 微信

打开微信→选取小程序"乘车码"→即可打开离线二维码刷码进站（可实现刷新）。

3. 西安地铁 App

打开西安地铁 App→选取"乘车"→即可打开离线二维码刷码进站（可实现刷新）。

其他异常情况无法正常刷码的进出站指引见图 4-2-1 和图 4-2-2。

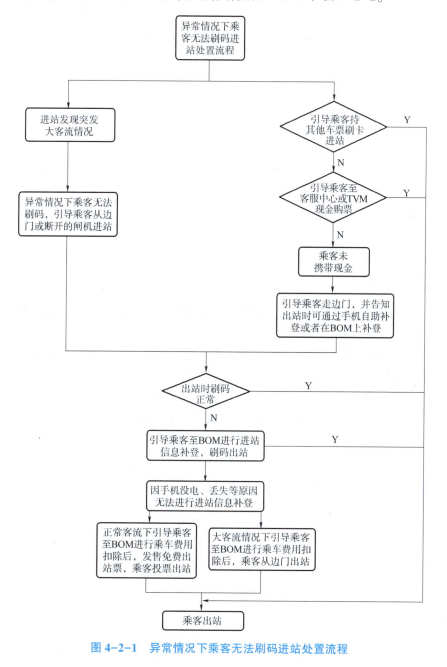

图 4-2-1 异常情况下乘客无法刷码进站处置流程

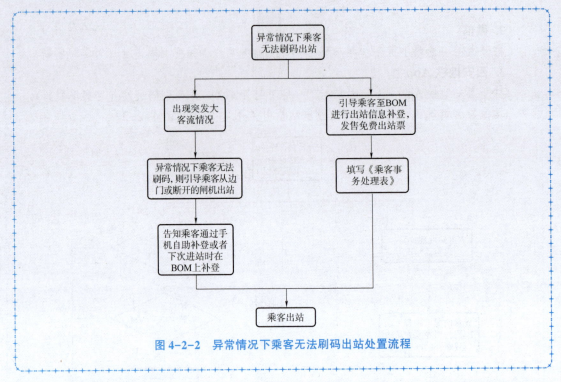

图 4-2-2　异常情况下乘客无法刷码出站处置流程

【素质素养养成】

（1）当车站发生屏蔽门故障时，应该严格遵守规章，按照应急处理流程及时准确地处理屏蔽门故障事件。

（2）在进行车站屏蔽门故障处置时，应该遵循"先控制、后处置、救人第一"的指导思想，要以人为本，始终把保障人民群众的生命财产安全放在第一位。

（3）在进行车站 AFC 设备故障应急处置时，要遵守处置流程，车站各岗位人员各尽其责、严谨认真、专注负责，共同完成 AFC 设备故障事件处置。

（4）在车站发生设备故障事件以后，应按照应急处置流程，快速处理该事件，要有忠于职守、尽职尽责的工作态度。

【任务分组】

学生任务分配表

班级		组号		指导教师	
组长		学号			
组员	姓名	学号		姓名	学号
任务分工					

【自主探学】

任务工作单 1

组号：_____   姓名：_____   学号：_____   检索号：4227-1

引导问题：

（1）部分滑动门不能正常打开或关闭时各岗位的主要职责。

_____

_____

_____

_____

（2）列车发车时，整侧滑动门不能正常关闭时各岗位的主要职责。

_____

_____

_____

_____

（3）列车到站时，整侧滑动门不能正常开启时各岗位的主要职责。

_____

_____

_____

_____

（4）屏蔽门夹人夹物时的处理流程。

_____

_____

_____

_____

任务工作单 2

组号：_____   姓名：_____   学号：_____   检索号：4227-2

引导问题：

（1）车站发生 AFC 设备故障处置流程。

_____

_____

_____

_____

（2）请用思维导图完成车站发生屏蔽门故障、AFC 设备故障处置流程，并根据流程图分角色进行模拟演练。

_____

_____

_____

_____

_____

【合作研学】

任务工作单

组号：_____　　姓名：_____　　　学号：_____　　　检索号：4228-1

引导问题：

（1）小组交流讨论，教师参与，形成正确的屏蔽门故障、AFC 设备故障应急处理流程图。

_____

_____

_____

_____

（2）记录自己存在的不足。

_____

_____

_____

【展示赏学】

任务工作单

组号：_____　　姓名：_____　　　学号：_____　　　检索号：4229-1

引导问题：

（1）每小组推荐一位小组长，汇报屏蔽门故障、AFC 设备故障应急处理流程图，借鉴每组经验，进一步优化方案。

_____

_____

_____

_____

（2）检讨自己的不足。

_____

_____

_____

【评价反馈】

任务三　暴力恐怖特殊情况下的车站客运组织

【任务描述】

当地铁车站发生纵火、爆炸、毒气袭击等暴恐事件时，以救人为首要原则，员工应按程序及时疏散人员，尽快将伤者送附近医院抢救；所有员工都有责任立即报告相关部门并采取相应处理措施，事故处理完毕，应尽快组织恢复运营服务。结合所在城市地铁运营企业岗位设置、工作职责划分及实训场地和设备情况，分岗位模拟演练暴力恐怖应急处理流程。

【学习目标】

1. 知识目标
（1）掌握车站发生毒气事件的处理流程；
（2）掌握站内遭遇爆炸、纵火暴恐事件的处理流程；
（3）掌握列车上发生纵火、爆炸等暴恐事件的处理流程；
（4）掌握车站发生乘客打架、醉酒闹事和车站发生聚众闹事的处理流程。

2. 能力目标
（1）能分岗位模拟演练车站发生毒气事件的处置流程；
（2）能分岗位模拟演练站内遭遇爆炸、纵火暴恐事件的处置流程；
（3）能分岗位模拟演练列车上发生纵火、爆炸等暴恐事件的处置流程；
（4）能分岗位模拟演练车站发生乘客打架、醉酒闹事和车站发生聚众闹事的处置流程。

3. 素质目标
（1）养成沉着冷静、勇于担当的职业素养；
（2）养成以人为本、安全第一的服务意识；
（3）养成严谨认真、专注负责的职业道德；
（4）养成忠于职守、尽职尽责的工作态度。

【任务分析】

1. 重点
（1）车站发生乘客打架、醉酒闹事和车站发生聚众闹事的应急处置；
（2）站内遭遇爆炸、纵火暴恐事件的应急处置。

收到炸弹恐吓威胁的应急措施　　发生乘客纠纷的处理　　发生毒气事件的处理

2. 难点
列车上发生纵火、爆炸等暴恐事件的应急处置。

【相关知识】

一、发生毒气事件的应急处置

发生毒气袭击时，值班站长应立即报告车站公安，通知全站需紧急疏散乘客和驻站人员。

行车值班员广播发生毒气事件，报告行调，通知邻站扣车。根据事件情况，开启排烟模式。

站务员把扶梯运行方向全部改为向上运行或者关停，指引和疏散乘客出站。戴上防护面具，寻找未撤离和中毒人员，把他们抬出车站送往医院。具体处理程序如表4-2-8所示。

表4-2-8　车站发生毒气事件的应急处理程序

步骤	人员	处理方法
1	现场员工	1. 闻到有刺激性的气味并发现异常后，马上报告车控室，戴上防毒面具做好防护，疏散周围的乘客。 2. 查找根源，马上用隔离带封锁现场，同时在附近寻找两名以上的目击证人，交给值班站长
2	行车值班员	接到现场员工的报告后，马上通知值班站长到现场，并及时做好站台广播安抚乘客，加强CCTV监控，并报公安、行调，通知邻站扣车，根据车站实际情况请求人员支援
3	值班站长	1. 接到报告后迅速赶到现场。 2. 宣布执行毒气袭击应急处理程序，指挥车站做好乘客服务或疏散工作，戴上防毒面具或空气呼吸器做好防护后，到现场指挥处理。 3. 迅速组织人员用隔离带封锁现场，将目击证人移交公安调查。 4. 组织车站清客，加强与车控室、行调的联系，及时进行信息沟通
4	行车值班员	1. 接到值班站长宣布执行毒气袭击应急处理程序后，马上利用全站广播通知车站各部门、各岗位疏散，同时反复进行全站广播指引乘客出站。 2. 报"110""119""120"，并向相关上级部门、领导汇报，安排保洁人员到紧急出入口迎接"120""119"人员
5	客运值班员	1. 接到执行毒气袭击应急处理程序后，赶到车控室，确认SC上已设为紧急模式；根据环调命令或现场公安的要求并经环调同意后，确认EMCS（BAS）已执行相应的模式。 2. 戴上防毒面具做好防护，拿对讲机、手提广播到站厅组织乘客疏散，并对受伤乘客进行救助
6	厅巡站务员	1. 接到执行毒气袭击应急处理程序后，打开边门，确认所有闸机扇门处于打开状态。 2. 将扶梯全部关停，指引和疏散乘客出站。 3. 戴上防毒面具做好防护，到站台协助站台清客工作，组织乘客由站台两端楼/扶梯上站厅出站。 4. 待站台清客完毕后，到站厅协助站厅清客

续表

步骤	人员	处理方法
7	票亭站务员	1. 接到执行毒气袭击应急处理程序后，收好票款和车票，锁好票亭门。戴上防毒面具做好防护，用手提广播安抚乘客，并协助站厅进行清客工作。 2. 站厅清客完毕后，关闭各出入口（除紧急出入口），张贴停止服务的告示，并报告客运值班员。 3. 到紧急出入口集中
8	客运值班员	1. 接收到站台乘客疏散完的信息后，确认厅巡（售票员）已关闭各出入口（紧急出入口除外），张贴停止服务的告示。 2. 最后确认站厅乘客全部疏散出站并报告车控室。 3. 到紧急出入口集中
9	行车值班员	接到车站清客完毕信息后，报告行调
10	值班站长	1. 最后确认全站清客完毕，并将现场移交给公安。 2. 到紧急出入口清点员工人数，到齐后向车控室报告

二、爆炸、纵火暴恐事件的应急处置

（一）站内遭遇爆炸、纵火暴恐事件的应急处置

车站内遭遇爆炸、纵火暴恐事件，值班站长应立即通知驻站民警（辅警）赶赴现场，立即组织人员及时救助受伤人员，确定疏散路径，做好客流组织及乘客的疏散。

行车值班员播放疏散广播，向行调申请越站、关站。根据事件情况，将进出站闸机打到全开状态。

站务员打开边门及应急疏散口，引导乘客出站。协助现场疏散乘客，救助受伤人员，把他们抬出车站送往医院。具体处理程序如表4-2-9所示。

表4-2-9　车站发生爆炸、纵火暴恐事件的应急处理程序

步骤	人员	处理方法
1	现场员工	1. 车站发生爆炸、纵火恐怖事件时，保安员或安检员立即报告车控室。 2. 保安员或安检员听从值班站长指挥，使用消防器材进行先期灭火工作。 3. 保安员立即使用防爆棍、防爆叉等器械对恐怖分子进行牵制，牵制过程中注意自我保护。 4. 安检员根据值班站长指令关闭安检点，协助保安员牵制恐怖分子；协助站务人员疏散乘客，执行关站任务等。 5. 公安到达现场后，配合公安进行处置
2	行车值班员	行值接报后，立即通知值班站长组织处置，行车值班员立即通知驻站民警（辅警）赶赴现场，并将信息报送地铁分局指挥中心、OCC，拨打"110""119""120"，请求支援，将信息报送客运部生产调度

步骤	人员	处理方法
3	值班站长/站长	1. 接报后立即组织人员及时救助受伤人员，确定疏散路径，做好客流组织及乘客的疏散。 2. 组织站务、安保、保洁、驻站工班等人员使用消防器材及装备进行先期灭火工作。 3. 与行车值班员做好沟通，通知行车值班员及时将现场情况（爆炸/起火范围、人员伤亡情况）报行调、公安地铁分局指挥中心、"119"、"120"，通知驻站公安；并通知行值向行调申请越站、关站
4	行车值班员	1. 将进出站闸机打到全开状态；播放疏散广播；通知车站工作人员关停电扶梯和垂直电梯。 2. 将现场情况（爆炸/起火范围、人员伤亡情况）立即报行调、公安地铁分局指挥中心、"119"、"120"及客运部生产调度，通知驻站公安；广播通知保洁、驻站工班人员；向邻站申请支援。 3. 按值班站长指令向行调申请越站、关站；调整CCTV画面，做好事件监控及记录
5	值班站长/站长	1. 确认车站内乘客疏散情况，乘客疏散完毕后报车控室。 2. 现场情况出现变化时，适时通知岗位调整疏散路径。 3. 安排安检人员至出入口拦截乘客，在接到关站通知后组织关闭车站。 4. 值班站长安排人员至出入口接应"119"、"120"、公安人员等救援力量。 5. 公安到达现场后根据公安要求做好配合工作
6	客运值班员	1. 协助现场疏散乘客，救助受伤人员。 2. 组织工作人员撤除站内影响疏散的隔离栏杆。 3. 提前安排人员至车控室拿取出入口遥控（钥匙）及直梯钥匙，做好关站准备。 4. 接到关站命令后，安排人员关闭部分出入口（留应急出入口），张贴告示。 5. 接到恢复运营的通知后，组织撤除告示，开启出入口
7	票亭岗	1. 接到疏散命令后，收好钱票箱，锁闭票亭门，打开边门及应急疏散口，引导乘客出站。 2. 协助客运值班员关闭各出入口，粘贴关站告示
8	站台岗	1. 协助值班站长开展灭火等现场处置工作，按照值班站长指令疏散站台乘客。 2. 接到指令后立即疏散站台乘客，检查站台卫生间等角落是否有滞留乘客。站台乘客疏散完后，报车控室，至站厅协助疏散。 3. 接到恢复运营通知后，检查站台设施设备，及时报告车控室
9	公安民警 （辅警）	1. 驻站民警（辅警）接到车站发生爆炸、纵火警情后立即赶往现场处置。 2. 驻站民警（辅警）划定警戒区域，组织站内保安员，做好人员分配，根据现场具体情况采取相应处置措施。 3. 开展处置、警戒、救援等工作，并将现场的处置情况及时通过手持台或电话通报分局指挥中心。 4. 迅速了解现场是否有犯罪嫌疑人，并视情况组织堵截、抓捕。 5. 保护现场等待专业人员调查取证

步骤	人员	处理方法
10	安保人员	1. 车站发生爆炸、纵火恐怖事件时，保安员或安检员立即报告车控室。 2. 保安员或安检员听从值班站长指挥，使用消防器材进行先期灭火工作。 3. 保安员立即使用防爆棍、防爆叉等器械对恐怖分子进行牵制，牵制过程中注意自我保护。 4. 安检员根据值班站长指令关闭安检点，协助保安牵制恐怖分子；协助站务人员疏散乘客，执行关站任务等。 5. 公安到达现场后，配合公安进行处置
11	保洁人员	1. 听从车站指挥，疏散站内乘客，并至出入口拦截进站乘客。 2. 听从车站安排至出入口等待地面支援力量，引导其至站内。 3. 清理现场，做好恢复运营前的准备工作
12	驻站工班员工（保障人员）	1. 根据值班站长指令，使用工器具配合安保人员对恐怖分子进行牵制；协助进行先期灭火工作。 2. 根据值班站长指令，使用铁马或警戒带对事发现场进行隔离；疏导乘客。 3. 事件处置完毕后，对损坏的设备设施进行修复
13	行车值班员	确认站内乘客疏散完毕后报告行调，做好信息交流与沟通
14	值班站长/站长	事故处理完毕后，与公安确认具备开站条件，组织各岗位做好恢复运营前准备

（二）列车上发生纵火、爆炸等暴恐事件的应急处理

列车上发生纵火、爆炸等暴恐事件，值班站长应立即组织人员提前疏散站内乘客，打开闸机与边门，安排人员至出入口拦截进站乘客。

行车值班员将进出站闸机打到全开状态；播放疏散广播；通知车站工作人员关停电扶梯和垂直电梯。

客运值班员根据值班站长指令，做好乘客疏散，对受伤乘客进行救助。

票亭岗接到疏散命令后，收好钱票箱，锁闭票亭门，打开边门及应急疏散口，引导乘客出站。站台岗协助值班站长开展灭火等现场处置工作，按照值班站长指令疏散列车内及站台乘客。具体处理程序如表4-2-10所示。

表4-2-10 列车上发生纵火、爆炸等暴恐事件的应急处理程序

步骤	人员	处理方法
1	行车值班员	发现或接报列车上发生纵火、爆炸等暴恐事件时，立即通知值班站长、驻站民警（辅警）赶赴现场，并将信息报送地铁分局指挥中心、OCC，拨打"110""119""120"请求支援，将信息报送客运部生产调度。广播通知保洁、驻站工班人员，向邻站申请支援
2	值班站长/站长	1. 立即组织人员提前疏散站内乘客，打开闸机与边门，安排人员至出入口拦截进站乘客。

步骤	人员	处理方法
		2. 如果列车到达站台，则组织人员疏导车内乘客，指挥安保人员及其他车站员工使用防爆器械、灭火器材等工具到达指定位置，并指挥现场工作人员使用消防器材进行先期灭火工作。 3. 如果列车停靠在区间，则值班站长立即组织人员执行区间疏散。 4. 视情况指令行值向行调申请邻站列车扣停及另一侧列车越站、关站等。 5. 用对讲机随时与司机、列车安全员保持联动。 6. 安排人员至出入口接应"119"、"120"人员、公安人员等救援力量
3	行车值班员	1. 将进出站闸机打到全开状态；播放疏散广播；通知车站工作人员关停电扶梯和垂直电梯。 2. 按值班站长指令向行调申请邻站列车扣停及另一侧列车越站、关站
4	客运值班员	1. 根据值班站长指令，做好乘客疏散，对受伤乘客进行救助。 2. 提前安排人员至车控室拿取出入口遥控（钥匙）及直梯钥匙，做好关站准备。 3. 接到关站命令后，安排人员关闭部分出入口（留应急出入口），张贴告示
5	票亭岗	1. 接到疏散命令后，收好钱票箱，锁闭票亭门，打开边门及应急疏散口，引导乘客出站。 2. 如果列车停靠在区间，则按照值班站长指令协助进行区间疏散。 3. 协助客运值班员关闭各出入口，粘贴关站告示
6	站台岗	1. 协助值班站长开展灭火等现场处置工作，按照值班站长指令疏散列车内及站台乘客。 2. 接到指令后立即疏散站台乘客，检查站台卫生间等角落是否有滞留乘客。站台乘客疏散完后，报车控室，至站厅协助疏散
7	公安民警（辅警）	1. 驻站民警（辅警）接到列车上发生纵火、爆炸等警情后立即赶往现场处置。 2. 驻站民警（辅警）划定警戒区域，组织站内保安员，做好人员分配，根据现场具体情况采取相应处置措施。 3. 开展处置、警戒、救援等工作并将现场的处置情况及时通过手持台或电话通报分局指挥中心。 4. 迅速了解现场是否有犯罪嫌疑人，并视情况组织堵截、抓捕。 5. 保护现场等待专业人员调查取证
8	安保人员	1. 接报或发现列车上发生纵火、爆炸等暴恐事件时，保安员或安检员立即报告车控室。 2. 列车安全员立即前往事发地点（车厢），组织乘客疏散，使用消防器材进行先期灭火工作等前期处置。 3. 车站安保人员听从车站指挥，提前疏散站内乘客。 4. 列车到达站台后，听从车站安排，组织车内乘客疏散，保安员立即使用防爆器械对恐怖分子进行牵制，牵制过程中与恐怖分子保持一定安全距离，注意自我保护。 5. 如果列车停靠在区间，则按照车站人员指挥，到达指定位置进行区间疏散。 6. 安检员根据值班站长指令关闭安检点，协助保安员牵制恐怖分子；协助站务人员疏散乘客，执行关站任务等。 7. 公安到达现场后，配合公安进行处置

步骤	人员	处理方法
9	保洁人员	1. 听从车站指挥，疏散站内及区间乘客，并至出入口拦截进站乘客。 2. 听从车站安排至出入口等待地面支援力量，引导其至列车
10	驻站工班员工（保障人员）	1. 根据值班站长指令，使用工器具配合安保人员对恐怖分子进行牵制；协助进行先期灭火工作。 2. 根据值班站长指令，使用铁马或警戒带对事发现场进行隔离；疏导乘客。 3. 事件处置完毕后，对损坏的设备设施进行修复
11	值班站长/站长	1. 在公安人员到达后，值班站长将现场交公安人员处理；配合公安人员做好调查取证和善后工作。 2. 事故处理完毕后，与公安确认具备开站条件，组织各岗位做好恢复运营前准备
12	行车值班员	确认列车及站内乘客疏散完毕后报告行调，做好信息交流与沟通
13	保洁人员	清理现场，做好恢复运营前的准备工作
14	客运值班员	接到恢复运营的通知后，组织撤除告示，开启出入口
15	站台岗	接到恢复运营通知后，检查站台设施设备，及时报告车控室

三、车站发生乘客打架、醉酒闹事和聚众闹事事件的应急处置

车站发生乘客打架、醉酒闹事和车站发生聚众闹事事件，值班站长应组织车站工作人员到现场处理，指挥安保人员使用相应的防范装备，采取必要手段将危险人员和物品进行控制隔离。待驻站民警（辅警）到场处置，挽留目击证人。

行车值班员视情况或根据值班站长指令向行调申请列车越站或关站；视情况拨打"110"和"120"，请求应急小分队或邻站保安人员支援。

客运值班员及时救助受伤人员，做好客流组织及乘客的疏散。

票亭岗根据值班站长指令停止售票，关闭票亭，协助疏散乘客、关站、张贴告示等。站台岗根据值班站长指令疏导客流，疏散围观乘客，维持现场秩序，负责站台区域乘客疏散。具体处理程序如表4-2-11所示。

表4-2-11 车站发生乘客打架、醉酒闹事和车站发生聚众闹事事件的应急处理程序

步骤	人员	处理方法
1	行车值班员	发现或接报站内有乘客打架、醉酒闹事或发生聚众闹事等事件时，行车值班员立即通知驻站民警（辅警）赶赴现场，根据事态严重程度报送地铁分局指挥中心、OCC请求支援
2	值班站长/站长	1. 组织车站工作人员到现场处理，指挥安保人员使用相应的防范装备，采取必要手段将危险人员和物品进行控制隔离，待驻站民警（辅警）到场处置，挽留目击证人。 2. 值班站长指挥保安对事态进行控制，必要时关闭安检点，命令安检员、保洁员和驻站工班人员协同处置。 3. 值班站长安排人员对站内客流进行疏导和疏散围观乘客，维持现场秩序。

步骤	人员	处理方法
2	值班站长/站长	4. 若事件不可控时，通知行值向行调申请越站、关站，组织车站人员进行先期处置，民警到场后交由民警处理。 5. 安排客值及时救助受伤人员，做好客流组织及乘客的疏散。 6. 配合公安对现场进行调查取证，做好善后工作
3	行车值班员	1. 行车值班员视情况或根据值班站长指令向行调申请列车越站或关站；视情况拨打"110"和"120"，请求应急小分队或邻站保安人员支援。 2. 广播通知保洁、驻站工班人员到场，调整CCTV画面，做好事件监控及记录
4	客运值班员	1. 根据值班站长指令疏导客流，疏散围观乘客，维持现场秩序。 2. 救助受伤人员，协助值班站长挽留目击证人及配合取证。 3. 视情况安排人员至车控室拿取出入口遥控（钥匙）及直梯钥匙，做好关站准备。 4. 接到关站通知后，安排人员关闭部分出入口，张贴告示，留存应急疏散口。 5. 安排人员至出入口接应"120"和公安人员
5	票亭岗	根据值班站长指令停止售票，关闭票亭，协助疏散乘客、关站、张贴告示等
6	站台岗	根据值班站长指令疏导客流，疏散围观乘客，维持现场秩序，负责站台区域乘客疏散
7	公安民警（辅警）	1. 驻站民警（辅警）接到车站信息通报后，立即携带警用装备赶赴现场进行处置。 2. 如乘客死亡立即封锁中心现场，划定警戒区域，设立警戒线。 3. 配合"120"急救中心做好人员的救护、治疗工作，同时将现场情况及时上报
8	安保人员	保安员或安检员听从值班站长指挥，协助设置防护屏风；进行客流疏导和围观乘客的疏散工作，维持现场秩序
9	保洁人员	听从车站安排至出入口等待"120"人员，引导其至站内
10	行车值班员	确认站内乘客疏散完毕后报告行调，做好信息交流与沟通

小贴士

车站发现可疑物品应急处置

车站发现可疑物品时，保安员或安检员立即报车控室，并现场询问乘客寻找失主。发现或接报站内有无人认领的物品后，值班站长立即带领保安等前往现场。判断为可疑物品时，立即指挥安保人员隔离现场，疏散周围围观乘客，做好乘客引导及解释工作。

行车值班员播放失物广播，寻找失主。按值班站长命令，通知站内各岗位员工，控制进站的客流，做好站内监控。

客运值班员接到发现可疑物的信息后，马上到现场协助值班站长疏散围观乘客，负责做好车站客流组织工作。

票亭岗收到执行车站发现可疑物品应急处理程序的通知后，做好相关票务处理工作。站台岗根据值班站长的指示用隔离带隔离现场，携带喊话器、手提广播疏散围观的乘客。具体处理程序如表4-2-12所示。

表4-2-12　车站发生发现可疑物品的应急处理程序

步骤	人员	处理方法
1	现场员工	1. 发现可疑物品后，保安员或安检员立即报车控室，并现场询问乘客寻找失主。 2. 保安员根据值班站长指令对可疑物品进行隔离；疏导围观乘客，维持现场秩序，等待公安人员到场处理
	站台岗	发现无人看管物品时，若寻找失主未果，立即报车控室、值班站长，需描述物品的形状，是否有异响、异味等情况
2	行车值班员	接到发现无人认领物品的信息后，播放失物广播，寻找失主
3	值班站长/站长	1. 发现或接报站内有无人认领的物品后，值班站长立即带领保安等前往现场。 2. 判断为可疑物品时，立即指挥安保人员隔离现场，疏散周围围观乘客，做好乘客引导及解释工作。 3. 组织本站当班作战人员与驻站公安组成作战小单元前往现场，按照演练预案进行处置
4	行车值班员	1. 接值班站长判断现场物品为可疑物品的信息后，立即通知驻站民警（辅警）赶赴现场，将信息报送地铁分局指挥中心和OCC、客运部生产调度。同时广播通知保洁、驻站工班人员到场协助处置。 2. 按值班站长命令，通知站内各岗位员工，控制进站的客流，做好站内监控
5	客运值班员	1. 接到发现可疑物的信息后，马上到现场协助值班站长疏散围观乘客，负责做好车站客流组织工作。 2. 按照值班站长指令或关站命令组织车站工作人员疏散乘客出站。 3. 组织保洁到出入口张贴告示，关闭剩余出入口，留存应急出入口，安排保安值守
6	票亭岗	1. 收到执行车站发现可疑物品应急处理程序的通知后，做好相关票务处理工作。 2. 接到值班站长疏散指令或关站命令后，开启边门引导站厅乘客疏散。 3. 协助客运值班员关闭各出入口，张贴关站告示
7	站台岗	1. 根据值班站长的指示用隔离带隔离现场，携带喊话器、手提广播疏散围观的乘客。 2. 做好乘客解释工作
8	公安民警（辅警）	1. 驻站民警（辅警）接到车站发现可疑物品警情后立即赶往现场。 2. 初步了解、判明可疑物类型、体积和危害程度，收集、掌握相关信息，并及时上报分局指挥中心。 3. 迅速了解现场是否有犯罪嫌疑人，并视情况组织堵截、抓捕。 4. 民警（辅警）到达后立即封锁中心现场，划定警戒区域范围，设立警戒线，合理利用防爆围栏，疏散、劝离围观群众，抢救伤员，同时将现场情况及时上报分局指挥中心

续表

步骤	人员	处理方法
9	值班站长/站长	1. 公安人员到达后，以公安处置为主体，其余先期处置队员做好配合工作；根据公安指令疏散乘客、申请列车越站或关闭车站。 2. 根据公安现场处置情况，做好清客关站的准备工作；需要时，按公安要求报告行调，经行调同意后执行关站程序，在出入口张贴关站告示。 3. 组织疏散乘客，封锁现场。 4. 配合公安人员进行调查取证，做好善后工作
10	行车值班员	1. 按照值站指令释放闸机，播放疏散广播，向行调申请列车越站和关站，接到关站命令后及时传达。 2. 持续汇报后续处理情况，及时与控制中心、公安沟通
11	安保人员	1. 公安到达现场后，保安员配合公安人员做好可疑物品处理。 2. 保安员或安检员根据值班站长指令进行疏散乘客、关闭车站等工作
12	保洁人员	1. 听从车站指挥，对站内客流进行疏导，疏散围观乘客。 2. 如接到关站命令后，听从车站指挥，疏散站内乘客，并至出入口拦截进站乘客。 3. 听从车站安排至出入口等待地面支援力量，引导其至站内
13	驻站工班员工 （保障人员）	1. 根据值班站长指令，使用铁马或警戒带对事发现场进行隔离，控制事态发展；疏导乘客。 2. 事件处置完毕后，对损坏的设备设施进行修复
14	行车值班员	确认可疑物品处理完毕后报告行调，做好信息交流与沟通
15	客运值班员	1. 接到恢复运营的通知后，检查 AFC 设备等是否正常，并报车控室。 2. 接到恢复运营的通知后，组织撤除告示，打开出入口

【素质素养养成】

（1）当车站发生暴力恐怖事件时，应该沉着冷静、主动担当，按照应急处理流程及时准确地处理暴力恐怖事件。

（2）在进行车站暴力恐怖事件处置时，应该遵循"先控制、后处置、救人第一"的指导思想，要以人为本，始终把保障人民群众的生命财产安全放在第一位。

（3）在进行车站暴力恐怖事件应急处置时，要遵守处置流程，车站各岗位人员各尽其责、严谨认真、专注负责，共同完成车站暴力恐怖事件处置。

（4）在车站发生暴力恐怖事件后，应按照应急处置流程，快速处理该事件，要有忠于职守、尽职尽责的工作态度。

🏛【任务分组】

学生任务分配表

班级		组号		指导教师	
组长		学号			
组员	姓名	学号		姓名	学号
任务分工					

🏛【自主探学】

任务工作单 1

组号：＿＿＿＿＿　　**姓名：**＿＿＿＿＿　　**学号：**＿＿＿＿＿　　　　**检索号：4237-1**

引导问题：

（1）车站发生毒气事件时各岗位的主要职责。

＿＿
＿＿
＿＿
＿＿
＿＿

（2）站内遭遇爆炸、纵火暴恐事件时各岗位的主要职责。

＿＿
＿＿
＿＿
＿＿
＿＿

（3）列车上发生纵火、爆炸等暴恐事件时各岗位的主要职责。

＿＿
＿＿
＿＿
＿＿
＿＿

（4）车站发生乘客打架、醉酒闹事和车站发生聚众闹事事件时各岗位的主要职责。

_____

_____

_____

_____

_____

任务工作单 2

组号：_____　　姓名：_____　　学号：_____　　检索号：4237-2

引导问题：

（1）车站发生毒气事件处置流程。

_____

_____

_____

_____

（2）请用思维导图完成暴力恐怖事件应急处置流程，并根据此流程图分角色进行模拟演练。

_____

_____

_____

_____

_____

【合作研学】

任务工作单

组号：_____　　姓名：_____　　学号：_____　　检索号：4238-1

引导问题：

（1）小组交流讨论，教师参与，形成正确的暴力恐怖事件应急处理流程图。

_____

_____

_____

_____

_____

（2）记录自己存在的不足。

_____

_____

_____

_____

【展示赏学】

任务工作单

组号：_____　　姓名：_____　　学号：_____　　检索号：4239-1

引导问题：

（1）每小组推荐一位小组长，汇报暴力恐怖事件应急处理流程图，借鉴每组经验，进一步优化方案。

_____

_____

_____

_____

_____

_____

（2）检讨自己的不足。

_____

_____

_____

_____

_____

【评价反馈】

任务四　突发公共卫生事件特殊情况下的车站客运组织

【任务描述】

当地铁车站突发公共卫生事件，为了全方位保障乘客和工作人员的安全，维护车站的正常运营秩序，有效防控疫情扩散，并提升地铁系统的应急响应能力，结合所在城市地铁运营企业岗位设置、工作职责划分及实训场地和设备情况，分岗位模拟演练突发公共卫生事件应急处理流程。

【学习目标】

1. 知识目标

（1）掌握突发公共卫生事件分级标准；

（2）掌握突发公共卫生事件应急处置措施；

（3）掌握新冠疫情防控应急处置流程。

2. 能力目标

（1）能分岗位模拟演练突发公共卫生事件应急处置流程；

（2）能分岗位模拟演练新冠疫情防控应急处置流程。

3. 素质目标

（1）养成沉着冷静、勇于担当的职业素养；

（2）养成以人为本、安全第一的服务意识；

（3）养成严谨认真、专注负责的职业道德；

（4）养成忠于职守、尽职尽责的工作态度。

【任务分析】

1. 重点

突发公共卫生事件应急处置。

2. 难点

新冠疫情防控应急处置。

突发公共卫生
事件应急处置

【相关知识】

一、突发公共卫生事件应急处理程序

发生突发公共卫生事件时，按照事件等级采取对应的处置措施。具体处理程序如表4-2-13所示。

表4-2-13　突发公共卫生事件的应急处理程序

事件分级	定义	处置措施	
		群体性不明原因疾病	发生员工群体性疑似食物中毒
Ⅰ级	出现下列情形之一时，构成Ⅰ级突发公共卫生事件： （1）接到上级单位发布的需要线网停止运营的疫情或类似突发公共卫生事件； （2）一次疑似食物中毒员工人数在30人及以上，未出现死亡病例； （3）由××市卫生行政部门认定需要启动《××市突发公共卫生事件应急预案》的突发公共卫生事件	（1）车站接到命令后，值班站长立即组织站务人员、安保人员、保洁人员执行应急处置指令，对车站人群进行疏导，做好清客、关站、停运工作及相关准备工作； （2）根据OCC的指令执行乘客疏散和车站关站等命令； （3）配合卫生部门做好车站防疫消毒工作，根据OCC的指令做好运营恢复工作	在发生30人及以上员工食物中毒事件后，事件发生部门或现场人员要第一时间报告OCC信息调度，同时拨打"120"急救电话，协助医护人员开展患者救治工作

续表

事件分级	定义	处置措施	
		群体性不明原因疾病	发生员工群体性疑似食物中毒
Ⅱ级	出现下列情形之一时，构成Ⅱ级突发公共卫生事件： （1）在一定时间内，在2条或2条以上运营线路的车站（列车上）发生群体性不明原因疾病，并有扩散趋势； （2）一次疑似食物中毒员工人数为20~29人，未出现死亡病例	（1）站务人员发现或接到报告站内发生群体性不明原因疾病时，要立即上报OCC，由OCC立即上报NCC，同时拨打"120"急救电话、所在辖区疫情指挥部（疾控中心）电话，通知驻站公安； （2）值班站长及相关处置人员在戴好口罩、一次性医用橡胶手套，穿好防护服（医用）后，立即赶赴现场，查看情况，在发生群体性不明原因疾病乘客周围设置隔离带，等待"120"急救人员处置； （3）车站在站台根据接触距离设置隔离区； （4）根据OCC的指令执行乘客疏散和车站关站等命令； （5）配合卫生部门做好车站防疫消毒工作，根据OCC的指令做好运营恢复工作	在发生20人以上30人以下的员工疑似食物中毒事件后，事件发生部门或现场人员要第一时间报告OCC，由OCC报至NCC，同时拨打"120"急救电话，协助医护人员开展患者救治工作
Ⅲ级	出现下列情形之一时，构成Ⅲ级突发公共卫生事件： （1）在一定时间内，在1条运营线路2个（列）及以上车站（列车上）发生群体性不明原因疾病； （2）接到上级单位发布的需要线网中部分线路停止运营的疫情或类似突发公共卫生事件； （3）一次疑似食物中毒员工人数为10~19人，未出现死亡病例	按照Ⅱ级执行	在发生10人以上20人以下的员工疑似食物中毒事件后，事件发生部门或现场人员要第一时间报告OCC，由OCC报至NCC，同时拨打"120"急救电话，协助医护人员开展患者救治工作
Ⅳ级	出现下列情形之一时，构成Ⅳ级突发公共卫生事件： （1）在一定时间内，在1个（列）车站（列车上）发生群体性不明原因疾病； （2）接到上级单位发布的需要单个车站停止运营或需要对乘客和从业人员进行健康检查（如测体温等）的疫情或类似突发公共卫生事件； （3）一次疑似食物中毒员工人数为3~9人，未出现死亡病例	按照Ⅱ级执行	在发生10人以下的员工疑似食物中毒事件后，事件发生部门或现场人员要第一时间报告OCC，由OCC报至NCC，同时拨打"120"急救电话，协助医护人员开展患者救治工作

注意事项：

（1）公共卫生事件关站条件及程序：若车站公共区发生突发公共卫生事件，车站工作人员认为对乘客安全产生威胁时。达到关站条件，车站及时向OCC报告现场情况，视现场情况向OCC申请关站；车站接到关站命令后，车站站长（值班站长）立即组织各岗位执行关站应急处置程序，并将关站信息报告所属OCC。

（2）公共卫生事件开站条件及程序：若车站发生公共卫生事件，经公安、消防等部门确认相应突发事件已处理完毕，相关危害已消除，现场指挥确认具备运营条件，车站向OCC申请开站。车站接到开站命令后，车站人员撤除关站告示，开启相关的服务设备设施，开放所有出入口。

二、突发公共卫生事件车站自来水污染应急响应措施

（1）正线车站自来水出现明显变色、异味、变质。

（2）车站发现异常后，若进水阀门设置在车站属地范围内，车站人员及时关停生活用水进水阀门；若进水阀门设置在车站属地范围外，及时通知机电专业人员关停生活用水进水阀门，并做好广播告知。

（3）车站值班站长及时将情况报送至OCC。

（4）当饮用水水质发生异常时，所属运营中心应及时报告当地供水行政主管部门和卫生行政主管部门。

（5）关停阀门时不可同时关闭相邻两站的自来水进水阀门，务必保障车站消防管网内给水正常。

三、空气传播性疾病应急响应措施

地铁运营场所发生空气传播性疾病后，立即关停爆发传染性疾病的列车及车站的空调通风系统，并对空调通风系统的主要设备进行清洗消毒。

小贴士

新冠疫情防控应急处置

一、车站隔离观察区（疫情观测点）设置情况

车站应结合实际设置多个"疫情观测点"，若需隔离人员有两名及以上且乘客为同行人员，可在同一观测点隔离；若需隔离两名及以上乘客为非同行人员，则需单独隔离，各乘客距离不少于3 m。乘客离开后，立即对观测点及隔离乘客进出通道中的电梯扶手带、楼梯扶手栏杆等可触及的公共部位进行消毒，并做好记录。加强车站疫情观测点巡查，非特殊或紧急情况不得占用疫情观测点。

二、应急响应分级

根据可能造成的危害程度、波及范围、影响大小、人员伤亡等情况，地铁范围内感染新型冠状病毒事件由低到高划分为Ⅳ级、Ⅲ级、Ⅱ级和Ⅰ级4个级别，如表4-2-14所示。

表 4-2-14 新冠疫情防控应急响应分级

响应级别	划分标准
Ⅳ级应急响应	所辖线路范围内出现两起及以上乘客发热（≥37.3 ℃）或持健康码"红（黄）码"进站事件；同班组、车站、办公室出现两人及以上员工（含保安、安检、保洁等委外单位员工，下同）有发热、咳嗽、味嗅觉减退等症状或健康码"红（黄）码"，员工或安保、保洁为 C 类密切接触者事件
Ⅲ级应急响应	所辖线路范围内出现乘客、员工或安保、保洁为 B 类密切接触者事件
Ⅱ级应急响应	所辖线路范围内出现一例乘客为新冠 A 类确诊病例、无症状感染者；西安市内出现中、高风险地区
Ⅰ级应急响应	所辖范围内出现一例员工或委外单位人员新冠确诊病例、无症状感染者；出现一处及以上人员或环境核酸检测为阳性事件；线网任一条线路因防疫政策调整停止运营

三、现场应急处置

新冠疫情防控应急处置程序如表 4-2-15 所示。

表 4-2-15 新冠疫情防控应急处置程序

响应级别	类别	应急处置
Ⅳ级应急响应	乘客发热（≥37.3 ℃）或持"红（黄）码"进站	1. 车站安保人员及员工与乘客保持至少 1 m 以上的安全距离，说明情况并礼貌劝阻其进站乘车。对发热乘客再次测温核对，温度正常则允许进站，复测仍异常则带至"疫情观测点"进行留观登记，做好安抚和解释工作；遇个人健康码"红（黄）码"乘客，按照"就地管控，不得移动"的原则，引导至"疫情观测点"进行留观登记，做好安抚和解释工作，相关信息第一时间向航天城控制中心、疾控中心（疫情防控指挥部）报告，报告内容包含人员信息、处置情况、消毒情况等。 2. 车站通知地铁公安协助处置，并报疾控中心（区疫情防控指挥部、街道办事处）或现场防疫人员（如有），等待处置。乘客经疾控中心（区疫情防控指挥部、街道办事处）转运后，车站对该乘客的密接工作人员做好临时隔离，其他人员做好自身消毒工作。车站及时组织对外部人员所接触过的物品、测温工具、"疫情观测点"、转运路线以及车站进出通道中的自动扶梯扶手带、电梯扶手、楼梯扶手栏杆等易触及的公共部位实施"终末消毒"，保存好消毒影像资料，并将消毒情况及区域详细记录于车站管理系统当班重点工作记录模块。 3. 咨询疾控中心该乘客情况，如乘客身体状况良好且健康码恢复正常，临时隔离的工作人员正常上岗；如乘客为 B 类密切接触者，立即将应急响应提升至Ⅲ级；如乘客为确诊病例或无症状感染者，立即将应急响应提升至Ⅱ级

续表

响应级别	类别	应急处置
Ⅳ级应急响应	车站员工或委外单位人员出现两人及以上发热、咳嗽、味嗅觉减退等症状	1. 安排"红（黄）码"及发热员工在"隔离观察区"（留观室）暂时隔离，"红（黄）码"员工上报所属部门，并报疾控中心（区疫情防控指挥部、街道办事处）或现场防疫人员（如有），等待处置。发热员工上报所属部门，必要时立即安排其在市指定发热医院就近就医。 2. 车站对其活动场所进行全面消毒，对其接触人员进行全面摸排，建立单位健康管理台账，连续健康监测14天（监测期间每天早、晚，间隔8 h各测量体温一次），并将相关信息及时报送至航天城控制中心。 3. 咨询疾控中心该员工情况，如员工身体状况良好且健康码恢复正常，临时隔离的工作人员正常上岗；如员工为B类密切接触者，立即将应急响应提升至Ⅲ级；如员工为确诊病例或无症状感染者，立即将应急响应提升至Ⅱ级
	车站员工或委外单位人员为C类密切接触者	1. 车站立即排查该员工同住或密切接触的员工，并做好密接人员隔离应急处置准备工作，启动调配补充不足岗位工作，如委外单位人员不足及时上报分部、部门协调进行处理。 2. 统计该员工的密接员工，将相关信息及时报送至航天城控制中心，并配合疾控中心（疫情防控指挥部）做好相关防控工作；组织该员工的密接员工进行核酸检测及健康监测
Ⅲ级应急响应	车站出现乘客/员工或委外单位人员为B类密切接触者	1. 组织对该乘客/员工的密接工作人员的统计工作，将相关信息及时报送至协查专班。 2. 立即安排密接工作人员退出工作岗位，组织进行核酸检测，原则上按照最小工作单元调配补充不足岗位；配合疾控中心（疫情防控指挥部）做好相关工作，自接触之日起进行14天健康监测，未解除医学观察或无核酸检测报告不得复岗
Ⅱ级应急响应	出现1例乘客为新冠A类确诊病例、无症状感染者	在Ⅳ级响应基础上，加强以下措施： 1. 组织对该乘客的密接工作人员的统计工作，将相关信息及时报送至协查专班。 2. 开展密接工作人员近期行程的调查。 3. 协助疾控中心（疫情防控指挥部）等单位开展该乘客的密接排查。 4. 落实相关疫情防控政策，并建立密接工作人员健康档案，每日进行体温检测和健康状况登记，发现异常情况及时上报，正确进行处置。 5. 对车站环境进行整体深入消杀

续表

响应级别	类别	应急处置
Ⅱ级应急响应	西安市内出现中、高风险地区	1. 中、高风险地区轨道交通运营车站采取出入口限流、关闭出入口、甩站、关站、停运等措施；相关车站做好进站乘客解释工作并引导疏散。 2. 高风险区域：对于途经或紧邻（任一出入口至风险区 500 m 范围）高风险区的地铁车站，自高风险区公布时起实施关站措施；中风险区域：对于途经或紧邻（任一出入口至风险区 500 m 范围）中风险区的地铁车站，自中风险区公布时起实施紧邻出入口关闭措施，并按照车站拥挤度不高于 70% 的原则，实施出入口"限流"等措施。根据全市疫情防控措施动态调整要求，接到市疫情防控指挥部"关闭出入口、关站、甩站"等管控措施指令，及时发布执行并做好乘客疏散引导。 3. 按照国务院应对新冠疫情的相关要求，当中心单线路因防疫政策调整关站或关口车站数量占比超过该线路车站总数 50% 时，视情况停止该线路运营。中心有任一条线路因防疫政策调整停止运营时，升级为Ⅰ级应急响应
Ⅰ级应急响应	车站出现 1 处及以上人员、环境核酸检测为阳性	1. 车站立即将信息上报分部、部门，上报车站责任疾控中心（区疫情防控指挥部、街道办事处）；航天城控制中心组织停止运行车站空调系统，必要时对该站实施临时关站、越站措施，车站做好进站乘客解释工作并引导疏散。 2. 车站组织立即就地隔离与该员工同住或密切接触的员工；本站未在岗的客运人员、驻站专业人员、安保人员、保洁人员向责任社区报个人情况，确保该员工同住、同站人员全部落实相关防疫隔离或健康监测政策。 3. 对隔离地点进行封控，启动调配补充不足岗位工作；并组织对该员工的密接员工的统计工作，将相关信息及时报送至航天城控制中心。 4. 配合"协查联络专班"开展该员工及其密接员工近期行程的调查；必要情况下配合疾控中心等单位对该站乘车的乘客进行排查。 5. 组织对与病例集中居住的员工进行医学检测，配合疾控中心对人员进行集中隔离或居家隔离，检测结果未出前且未经实施隔离单位批准前不得解除隔离。 6. 建立密接员工健康档案，每日进行体温检测和健康状况登记，发现异常情况及时上报，正确处置。 7. 车站开展应急消杀，对车站所有区域及设施设备等进行全面消杀。 8. 根据控制中心指令解除临时关站

【素质素养养成】

（1）当突发公共卫生事件时，应该沉着冷静、主动担当，按照应急处理流程及时准确地处理公共卫生事件。

（2）在进行突发公共卫生事件处置时，应该遵循"先控制、后处置、救人第一"的指导思想，要以人为本，始终把保障人民群众的生命财产安全放在第一位。

（3）在进行突发公共卫生事件应急处置时，要遵守处置流程，车站各岗位人员各尽其责、严谨认真、专注负责，共同完成突发公共卫生事件处置。

（4）在突发公共卫生事件后，应按照应急处置流程，快速处理该事件，要有忠于职守、尽职尽责的工作态度。

【任务分组】

学生任务分配表

班级		组号		指导教师	
组长		学号			
组员	姓名	学号		姓名	学号
任务分工					

【自主探学】

任务工作单1

组号：_____ 姓名：_____ 学号：_____ 检索号：4247-1

引导问题：

（1）突发公共卫生事件分级的标准。

_____

_____

_____

_____

_____

（2）突发公共卫生事件的应急处置措施。

_____

_____

_____

_____

_____

（3）突发公共卫生事件车站自来水污染该如何处理？

_____

_____

_____

_____

_____

任务工作单 2

组号：_____ 姓名：_____ 学号：_____ 检索号：4247-2

引导问题：

（1）突发公共卫生事件应急处置流程。

_____

_____

_____

_____

_____

（2）请用思维导图完成新冠疫情防控应急处置流程，并根据流程图分角色进行模拟演练。

_____

_____

_____

_____

_____

_____

【合作研学】

任务工作单

组号：_____ 姓名：_____ 学号：_____ 检索号：4248-1

引导问题：

（1）小组交流讨论，教师参与，形成正确的新冠疫情防控应急处理流程图。

_____

_____

_____

_____

_____

_____

（2）记录自己存在的不足。

_____

_____

_____

【展示赏学】

任务工作单

组号：_____ 姓名：_____ 学号：_____ 检索号：4249-1

引导问题：

（1）每小组推荐一位小组长，汇报新冠疫情防控应急处理流程图，借鉴每组经验，进一步优化方案。

_____

_____

_____

_____

_____

_____

（2）检讨自己的不足。

_____

_____

_____

【评价反馈】

参考文献

[1] 张美晴，谢淑润. 城市轨道交通客运组织［M］. 北京：人民交通出版社，2021.

[2] 刘乙橙，景平安. 城市轨道交通客运组织［M］. 北京：机械工业出版社，2020.

[3] 广州地铁集团有限公司. 城市轨道交通客运组织管理［M］. 北京：中国劳动社会保障出版社，2017.

[4] 刘莉娜. 城市轨道交通客运组织［M］. 北京：人民交通出版社，2022.

[5] 裴瑞江. 城市轨道交通客运组织［M］. 北京：机械工业出版社，2019.

[6] 陈大伟. 城市客运交通系统［M］. 北京：人民交通出版社，2021.

[7] 于涛. 城市轨道交通票务管理［M］. 北京：人民交通出版社，2021.

[8] 吴海军，柴小春. 城市轨道交通客运组织［M］. 重庆：重庆大学出版社，2013.

[9] 冉婧入，杨光. 地铁运营安全管理对策分析［J］. 黑龙江交通科技，2021，44（12）：260，262.

[10] 朱翔，陈丽君. 地铁全自动运行系统运营场景的几点探讨［J］. 城市轨道交通研究，2021（10）：228-232.

[11] 傅兴. 西安地铁车站公共空间艺术设计特点分析［J］. 城市轨道交通研究，2021（10）：I0027-I0028.

[12] 李春妍. 地铁车站无障碍设计探讨［J］. 都市快轨交通，2019（05）：51-55，68.

[13] 陈波. 地铁车站大客流组织措施［J］. 都市快轨交通，2015（3）：20-23.

[14] 汪益敏，罗跃，于恒，等. 人员密集型地铁车站安全风险评价方法［J］. 交通运输工程学报，2020（5）：198-207.

[15] 武连全. 地铁突发公共安全事件应急处置能力评估［J］. 城市轨道交通研究，2022（12）：71-75.